KB264392

명상으로 하는 태교와 육아

구본일(명상태교문화원 원장) 지음
석성우(불교TV회장) 감수

우리출판사

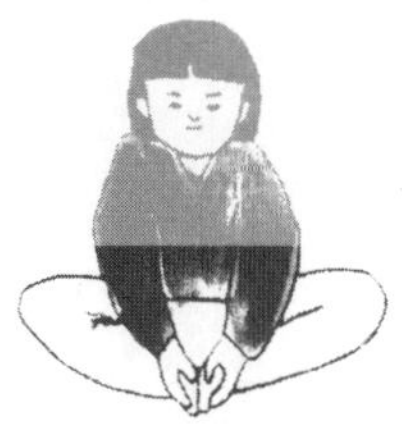

명상으로 하는 태교와 육아

태교라고 하면 임신한 사람이 태아를 위해서 하는 교육이라고 생각하는 의식부터 우선 바꿔야 한다는 생각에 이 책을 쓴 것입니다.

10개월만 잘해서 IQ · EQ가 높은 아이를 낳고 싶다는 엄마의 그 욕심이 우선 내 아이의 인성을 구기는 결과를 초래합니다.

산부인과 의사들이나 태교를 가르치는 사람들, 그리고 영재교육을 담당하는 사람들이 태아의 뇌가 형성되는 시기에 맞추어서 태교를 하면 두뇌를 개발하고 잠재능력을 개발할 수 있다고 말합니다.

그러나 내 아이를 머리 좋은 아이로 만들겠다는 그 어두운 욕심이 얼마나 태아에게 무섭게 전달되는지는 가르치고 있지를 않습니다. 왜냐하면 우리들은 어떤 사람도 자신의 생각이나 마음을 나쁘게 생각하는 사람이 없기 때문입니다.

나름대로 이유가 있어 정당화시키고 있으며, 이것이 인간이 갖고 있는 마음의 습관입니다. 마음을 맑고 밝고 따뜻하게 갖도록 함으로써 생각 · 행동 · 인격까지도 달라집니다.

우리 나라의 전통태교에 담겨 있는 뜻을 신중하게 생각해 보면 모두가 인성에 대한 가르침입니다. 생각하는 방법, 말하는 방법, 먹는 법, 몸가짐 등을 올바르게 가져야 하는 것입니다.

세상을 살아가는데 있어서 제일 중요한 것은 인격의 바탕이 어질고 착해야 한다는 것입니다. 사람다운 사람의 냄새가 나는, 인격의 향기가 나는, 그런 사람이 참다운 행복을 누릴 수가 있습니다.

그런 입장에서 ≪명상으로 하는 태교와 육아≫는 21세기를 살아갈 수 있는 참다운 인재가 태어날 수 있도록 하는 길잡이 역할을 하고자 합니다.

명상으로 하는 태교라는 것은 인생 전체가 태교이기 때문에 명상을 생활화함으로써 자연적인 최상의 태교가 되는 것입니다. 태교는 임신 중에만 하는 것이 아니고, 어렸을 때부터 올바른 정신에 올바른 생활과 습관에 의한 건강한 육체가 바탕이 되어야 하는 것입니다.

명상을 종교 색이 깔린 것으로 보거나, 오직 건강이나 마음만을 위한 전문적인 분야로 생각하면 명상의 생활과는 점점 거리가 멀어질 것입니다.

명상은 우리가 일상생활을 하면서 즐겁게, 그리고 행복한 삶을 보내기 위해서 하는 방편입니다.

저는 명상을 이렇게 생각합니다.
명상은 우리가 살아갈 때에 어떻게 해야할지 길을 잃었을 때에 인생의 이정표가 되기도 하고,
명상은 외롭고 춥고 힘들 때에 따뜻한 차 한잔의 역할을 해서 마음을 포근하게 만들기도 하며,
명상은 화가 나고 속이 상하고 흥분할 때의 뜨거운 마음을 여름 바람처럼 시원하게 식혀주는 역할을 하기도 하고,
명상은 당황하고 급해서 눈앞이 캄캄할 때에 어두운 길의 등불이 되기도 합니다.
그리고 명상은 온갖 감정의 쓰레기 같은 마음들을 한꺼번에 빗자루로 쓸어주기도 합니다.
명상은 몸이 아프거나 피로하거나 힘들 때는 엄마의 따뜻한 품안에 품어주듯이 포근하게 안아줍니다.

이러한 명상은 인생의 스승이기도 하면서 도반이기도 합니다. 하루에 한번 눈을 감고 마음속에 있는 그 스승을, 도반을 찾는 것은 인생을 풍부하게 하기도 하고 행복하게도 합니다.
이러한 명상의 보금자리는 나뿐만이 아니고 모든 분들의 마음속에 있습니다. 따라서 인생의 해답은 내 마음속에 있는 것 같습니다.
이 책을 내는데 도움을 주신 불교TV 회장스님이신 석성우스님, 그리고 우리출판사 여러분들께 감사 드립니다.

2002년 5월
청운 정사에서
구 본 일

태교란 훌륭한 사람이 태어날 수 있도록 하는 부모들의 의지와 행동을 뜻한다.

좋은 사람이 태어나야 그 개인의 행복은 물론이거니와 좋은 가정, 좋은 사회가 되는 것이다. 여기서 좋은 사람이란 IQ와 동시에 EQ가 탁월한 사람을 말한다.

우리 사회는 과학의 영향이 막대하지만 사람이 태어나는 일에는 과학의 영역을 넘어서는 신비한 법칙이 작용하고 있다.

누구나 좋은 자녀 두기를 원할 것이다.

그런 의미에서 명상태교연구원 구본일 원장의 ≪명상으로 하는 태교와 육아≫는 불교TV를 통하여 그 이론과 실천을 발표함으로써 많은 이들로부터 호응을 받아 오고 있다. 이번에 그 열매들을 정리하여 책으로 엮어 만든다니 늦었지만 반가움이 앞선다.

앞으로 많은 이들이 이 책을 통하여 좋은 인연 지어서 좋은 자녀를 두기를 소원하며 추천하는 바이다.

2002년 5월
불교TV 회장 석 성우 합장

차 례

태교

명상태교의 실천

명상태교 경험담

태교

태 교

인류가 이 세상에 존재하면서부터 누구나 자녀 갖기를 희망하는 것은 당연한 이치였고, 더욱이 훌륭한 자녀에 대한 염원은 인류사 이래 가슴에서 가슴으로 면면히 전해져 왔다. 그런 염원으로 여러 민족들이 건재해 왔고, 수많은 위인들이 인류사에 발자취를 남길 수 있었다.

그 옛날 공자의 어머니도 니구산에서 훌륭한 자식을 낳게 해달라고 삼 년 동안이나 기도를 했으며, 우리 나라에서도 신사임당이 이율곡 선생 낳기를 그리하였다.

영축산 통도사를 창건하신 자장스님 역시 천수대비에게 기도하며 태어난 인물이다. 비록 유사이래 기록으로 남겨지지 않았다 해도 위로는 한 나라의 왕에서부터 수많은 민초들까지 훌륭한 2세 번영을 위해 얼마나 많은 기도와 염원을 남겼을까.

그러한 염원은 오늘에 이르러서도 변함이 없다. 이처럼 2세에 대한 바른 염원은 작게는 한 가정에서부터 크게는 한 민족, 한 국가의 미래와 번영을 결정하는 큰 힘이 된다.

이스라엘 민족의 경우, 오랜 세월 세계를 떠돌면서도 오늘날까지 세계 곳곳에서 수많은 지배계급과 우수한 인재를 키워냈다. 그 힘은 무엇일까. 그들은 예로부터 성스러운 믿음과 신념을 바탕으로 후세를 낳고 키워왔다.

종교생활은 물론 사소한 일상사까지, 심지어는 부부 사이의 잠자리까지 철저하게 종교지도자들의 바른 가르침에 따랐으며, 철저한 믿음이 바탕이 된 마음과 단정한 생활은 그들 후세의 역사를 움직이는 큰 힘이 되었던 것이다.

이러한 점에서 현재 우리의 모습을 되돌아볼 때다.

빛의 속도만큼 빠르게 변하고, 최첨단 디지털 혁명이 이루어진 오늘날에도 어느 국가, 어느 민족, 어느 개인이든 여전히 중요한 화두는 좋은 2세를 낳는 일이다. 그래서 UN에서도 훌륭한 사람을 태어나게 하기 위하여 노력하였고, 과학자들은 정자은행을 만들어 여러 가지 생명공학 연구를 시도하고 있지만 사실상 큰 성과를 거두지 못하고 있다. 왜 그럴까. 그것은 눈에 보이는 과학으로 생명을 움직이려는 한계 때문이다.

우리 나라 생명복제의 일인자인 황우석 박사가 이런 말을 하였다.

"과학은 눈에 보이는 것만 다룰 수 있을 뿐이며, 과학도 종국에는 정신세계로 귀결될 수밖에 없다"라고.

과학은 물론 인류사를 움직이는 힘은 영원히 물질이 아니라 정신이다. 따라서 인류가 좋은 2세를 낳는 일도 우리의 정신에서 궁극적인 해결책을 찾아가야 한다.

명상으로 하는 태교와 육아

흔히 좋은 2세를 낳기 위한 노력을 태교라 한다. 요즘 들어 태교가 과학이냐 아니냐, 하는 문제로 많은 학자들이 연구를 하고 있다고 들었다. 하지만 수많은 학자들이 눈에 보이는 과학이라는 함정에 빠져서 근본적인 진리를 망각하고 있다.

태교는 과학을 뛰어넘은 생명과 정신의 세계다. 태교를 태내에 있는 태아를 잘 길들이는 교육이라고 생각하는 것이 아니라 어머니가 가지고 있는 태(胎)를 잘 기르는데 있는 것이라고 정확하게 인식을 해야 하는 것이다. 왜냐하면 태(胎)란 성품의 기본이 되는 것이며, 인간의 성품은 어떠한 태내(胎內)에서 길러졌나에 의해 결정되기 때문이다.

이 말은 인간의 성품은, 즉 마음이라는 것은 유전인자에 의해서만 결정되는 것이 아니고 모체가 어떠한 성품을 가졌나에 의해서 결정되는 부분이 더 많기 때문이다. 즉 어떠한 태내환경에 의해 길러지고 있는가, 어떠한 어머니의 뱃속에서 자라고 있는가에 따라 태아의 모든 것이 결정되는 부분이 많다는 것이다.

이러한 것을 정확하게 알고 난 다음 진정으로 태교를 정신의 세계로서 받아들일 때만이 훌륭한 후세를 탄생시킬 수 있는 것이다.

이제부터 훌륭한 2세 낳기를 간절히 바라는 모든 사람들은 자기 마음과 정신에 주목하여야 한다. 그런 측면에서 나는 태교를 위해 가장 바람직한 방법으로 명상을 제시하고자 한다.

태교를 위해 명상을 제시하는 목적을 몇 가지로 정리하자면 이렇다.

첫째, 태교는 생명, 그리고 정신과 직결된 문제다. 그렇기 때문에 생명과 정신세계가 어디에서 생성되며 어디로 흘러가는지 보다 근본적인 원리를 이해하는 것이 선행되어야 한다. 이것은 지식으로 해결될 문제가 아니다. 자신이 직접 심오한 정신세계를 체험할 수 있어야 하며, 그렇기 위해서는 명상을 해야 하는 것이다.

둘째, 훌륭한 2세는 단순한 교육의 힘으로 이루어지는 것이 아니다. 부모되는 '나' 의 본래 마음자리와 깨끗한 심성에서 좋은 2세를 맞아들일 수 있다. 끊임없이 욕심을 버리고 심성을 밝히는 일, 그것은 단순한 열 달의 태교로 가능한 것이 아니라 마음을 관(觀)하는 명상으로만 가능하다.

셋째, 20세기는 두뇌(IQ)의 시대였다. 하지만 21세기는 두뇌로는 부족하며, IQ와 EQ가 고루 뛰어난 인재만이 세계의 리더가 될 수 있다.

명상은 IQ는 물론 EQ를 향상시키는데 아주 효과적이다. 이것은 현재 많은 학자들이 과학적으로 입증하려고 하는 중요한 이론이기도 하다. 그래서 부모가 명상을 통해 다가올 2세의 IQ·EQ 향상에 도움을 주어야 한다.

명상은 몇 마디 말로 끝낼 수 있는 문제가 아니다. 그것은 명상태교의 효과 또한 마찬가지다.

한 가지 확실한 것은 명상태교를 하면 누구나 자신이 원하는 2세를 낳을 수 있고, 적어도 EQ · IQ의 지수는 140 이상이 된다고 확신을 할 수 있다. 나의 주위에는 사실 그러한 예가 있다. 하지만 먼저 명상태교로 그러한 아기를 낳겠다는 욕심부터 버려야 그 소망이 이루어질 수 있음을 또한 명심하여야 할 것이다.

세상에서 가장 아름다운 교감―명상태교

요즘 사람치고 태교의 중요성을 알지 못하는 사람은 드물다. 그런데 태교가 중요한 것은 알지만 무엇이 진정한 태교인가를 아는 사람들은 별로 많지 않은 것 같다.

진정한 태교. 그것은 귀중한 손님을 맞이하기 전에 온 집안 구석구석을 대청소하는 일과 같다. 가장 소중한 인연으로 나에게 오게 될 아기의 영혼을 위하여 내 몸과 마음을 깨끗이 청소하는 일인 것이다.

우리가 흔히 알 듯이 훗날 뭐든지 1등을 할 수 있는 아이, 음악과 예술에 천부적인 재능을 가진 아이, 언어에 탁월한 소질을 가진 아이, 건강하고 착한 아이, 엄마 아빠 말이라면 무조건 순종하는 아이를 만들겠다는 욕심으로 무턱대고 하는 태교는 태교가 아니라 부모를 위한 아이를 낳기 위한 부모의 욕심일 뿐이다.

우리들은 부모가 되기 이전 너무나 욕심을 부리며 살아왔다. 더 안타까운 일은 자기 욕심껏 살면서도 그 사실조차 인식하지 못한다는 점이다. 만약 그렇게 살아온 시간들을 깨끗이 청소하지 않은 채 아기의 영혼을 받아들인다면 그 영혼은 생의 시작을 쓰레기 더미에서 시작하는 것이나 마찬가지이다. 부모라면 누구든지 절대로 그렇게 되기를 바라지 않을 것이다.

그렇다면 소중한 아기의 영혼을 받아들이기 위한 마음의 대청소, 그건 어떻게 해야 할까. 눈에 보이지 않는 마음으로 세상을 청소하는 일이 도대체 가능하기나 한 것일까.

십여 년 간 명상을 해오면서 나는 마음의 대청소를 가장 잘하는 방법이 '명상' 밖에는 없다는 결론을 얻었다. 명상은 자신이 지금껏 살아온 인생을 송두리째 바꾸어줄 수 있을 만큼 큰 힘을 지니고 있다.

나의 경우에도 명상을 하기 전의 인생과 그 후의 인생이 확연히 다르다. 명상을 하기 전 나의 인생이 구도가 복잡한 추상화 같았다면, 명상을 한 후 나의 인생은 점 하나로도 모든 것을 설명하고 있는 동양화 같다고나 할까.

누구든 명상을 하게 되면 지금까지 쌓아온 마음의 때를 깨끗이 씻어낼 수 있다. 또한, 명상은 누구에게나 좋은 인성교육이기도 하다. 그래서 명상으로 태교를 한다는 것은 마음의 대청소인 동시에 부모와 자식이 동시에 자신의 인품의 격을 높이게 되는

명상으로 하는 태교와 육아

일인 것이다. 하지만 이렇게 되기 위해서는 오랜 시간과 끊임없는 인내가 필요하다.

또 하나 중요한 것은 명상은 아직 마음에 사회의 욕망과 때가 덜 묻은 어린 시절부터 시작하는 것이 좋다.

명상은 '우주와의 커뮤니케이션' 이라고 표현해도 좋을 만큼 이 세상 모든 생명들과 교감을 나누는 길이다. 명상을 하면 앞으로 자기에게 찾아올 아기의 영혼과도 교감을 나눌 수 있게 된다. 그 얼마나 아름다운 교감인가.

그래서 나는 이 세상에서 가장 아름다운 교감을 아무 망설임 없이 명상태교라고 말하고 싶다. 지금부터 하나씩 명상태교에 대해 알아보면서, 바로 여러분이 세상에서 가장 아름다운 교감의 주인공이 되길 바란다.

스승의 10년 교육보다 엄마의 태내 10개월 교육이 중요하다

즐겁고 평화로운 마음으로 실천한 태교는 아이들이 태어난 후 오랜 기간의 교육보다도 중요하다. 그래서 옛 선조들은 스승의 10년 교육보다 엄마의 태내 10개월 교육이 중요하다고 여겼던 것이다.

땅속의 뿌리가 튼튼하지 않으면 아무리 꽃이 예뻐도 그 꽃나무는 병들고 곧 사라져갈 운명일 뿐이다. 그처럼 태내 10개월 교육은 뿌리를 튼튼히 하는 일이고, 그 뿌리는 다름 아니라 산모 자

신의 정신과 육체를 의미하는 것이다.

우주의 지수화풍, 즉 땅·물·불·바람. 이 네 가지 요소가 대자연을 순환하면서 한 생명의 근원을 이루고, 그 생명을 잉태하는 것이 바로 여성, 즉 어머니다. 이처럼 자연의 법칙에 따라 생명을 낳고 기르는 어머니란 존재는 단순히 종족번식의 의미를 넘어 커다란 우주의 신비를 몸소 실행해내는 고귀하고 아름다운 존재다.

그런데 어머니는 새로운 생명력을 키워내는 것뿐만 아니라 그 생명이 이 세상의 일원이 될 수 있도록 태내에서 생각하는 힘과 마음의 기초를 결정해주는 것이다. 이 얼마나 경이로운 일인가. 그렇기 때문에 아이를 가진 여성들은 자신이 얼마나 소중한 존재인지 다시금 깨달아야 할 것이다.

하지만 요즘 여성들은 자신이 이처럼 고귀한 존재임을 깨닫지 못하고, 임신을 한낱 거추장스러운 일로 여기며, 태내 생명을 소홀히 하는 경우가 많이 있는 것 같다. 이러한 일은 결국 태내 생명을 무시하는 일일뿐만 아니라 자신의 존재가치를 포기하는 일이 아닐 수 없다.

임신기간은 10개월, 약 40주, 약 280일. 한 여성이 최소 60년을 산다해도 임신기간은 한 생애의 1/60도 못 미치는 시간이다.

하지만 이 짧은 시간이 태아에게는 훗날 태어나서 살게 될 몇십 년의 시간보다 훨씬 더 큰 의미가 있다. 이 시기 태아의 성

품·두뇌·재능·체질의 기초가 결정되고, 이때 한 번 잘못 각
인된 일들은 평생 잠재의식 속에 묻혀 지워지지 않는다.

내가 아는 K엄마는 날이면 날마다 나를 붙잡고 하소연을 했
다. 하소연의 내용은 아이가 너무나 유별나고, 사람들을 보면 소
리만 꽥꽥 질러대며, 예쁜 구석이 하나도 없이 군다는 것이다. 그
러다 보니 사람들에게 귀여움을 받지 못해 엄마로서 너무 괴롭
다는 것이다.

나는 얼마 동안은 그녀의 하소연을 그냥 듣고만 있다가, 어느
날은 이렇게 물어보았다.

"혹시, 아기를 가졌을 때 마음이 어떠셨어요?"

그녀의 솔직한 고백은 역시 내 예상대로였다.

살림이 너무 힘들어서 아기를 가졌다는 것이 너무 원망스러웠
고, 낙태까지 생각했었다는 것이다. 그러니 태교는커녕 남을 쉽
게 미워했고, 짜증내는 마음만 키웠었다는 것이다.

K엄마는 그 얘기를 하면서 내심 아이가 자기 때문에 그렇게
됐다는 것을 이미 알고 있는 것 같았다.

K엄마와 비슷한 경우가 또 있었다.

경주의 L여인은 첫딸 때문에 고민이 너무 많았다. 첫아이가
딸이라는 사실 때문에 남편이 아기를 한 번도 안아주지 않을 만
큼 그녀 집안에서는 아들을 원했었다.

L여인은 엄마로서 첫딸이 사랑을 받지 못하고 자랐다는 것에

태교

대해 가슴에 한이 맺힐 정도였다.

그런데 그 첫딸이 대학교에 들어가자마자 자신의 집보다 넉넉하지 못하고, 학력도 딸보다 못한 청년과 눈이 맞아 혼전 임신까지 했다. L여인은 무조건 낙태를 시켜 딸아이가 새로운 길을 가길 원했다. 하지만 한 생명을 모질게 잘라낸다는 사실에 망설였고, 다니던 절의 스님께서도 "절대 악연을 짓지 말라"고 설득하셔서 그 청년과 딸을 결혼시킬 수밖에 없었다.

그렇게 L여인은 뱃속에 있는 외손자에 대한 미움과 딸에 대한 원망으로 몇 해를 보냈다. 그러던 중 처음으로 외손자를 데려와 며칠 밤 함께 잠을 자게 되었다. 그런데 이 아이가 잠들기 전 투정이 너무 심했으며, 매일 밤 1시에서 2시까지 숨이 넘어갈 정도로 울면서 보채는 것이었다. 그 모습을 L여인의 표현으로 빌리자면 낑낑거리는 소리에 엉덩이를 하늘로 쳐들었다가 땅으로 박았다가…… 정말 몸부림도 그런 몸부림이 없더란 것이다. 그래서 딸에게 물었더니, 평소에도 아기가 저렇게 몸부림을 치며 투정을 한다는 것이다.

아하…… L여인은 가슴에 뭔가 찔리는 점을 느꼈다. 스님께 그 얘기를 했더니 단번에 이렇게 말씀하셨다.

"아이를 가졌을 때 그 엄마가 얼마나 괴로워했으면 아이가 그렇게 몸부림을 부리겠소. 그때 딸아이를 힘들게 하고 원망했던 마음, 그 아기를 미워했던 마음을 지금이라도 당장 참회하시오."

명상으로 하는 태교와 육아

그때부터 L여인은 진심으로 참회했고, 그 후 아이는 조금씩 안정을 찾아갔다고 한다.

흔히, 아기의 잘못된 버릇들을 무심코 넘겨버리는 경우가 많은데, 그럴 일이 절대 아니다. 아기들의 행동 하나하나에는 그 아기의 잠재의식을 점령하고 있는 성향이 문득문득 튀어나오며, 그것들 대부분이 태내에서 엄마 마음의 영향을 받아 형성된 것들이다. 이래서 엄마의 태교는 중요한 것이다. 따라서 이런 것들을 어렸을 때 바로잡지 않으면 평생을 따라다닌다.

태교를 하지 못했다면 엄마는 더 늦기 전에 명상을 하고, 기도를 하면서 우선 아기에게 진심으로 미안한 마음을 갖고 자신의 잘못된 성격이나 습관, 행동가짐, 마음가짐을 언제나 똑바로 관찰하며 고쳐 나가야 한다. 이것이 곧 아기의 비뚤어진 성향을 바로잡아 주는 가장 좋은 지름길인 것이다.

보통 부모라는 것은 지식을 위한다는 마음이 앞서기 때문에 눈이 가려지고 귀가 가려져서 마음의 눈이 제대로 떠어지지 않는 경우가 많다. 좋은 자식을 키우고 싶으면 우선 나의 마음 공부를 제대로 해야 하는 것은 당연한 일이지만 이것을 알면서도 실천을 못하는 것은 몸과 마음에 대해 조용히 생각해볼 시간을 갖지 못하기 때문이다.

새롭게 인식해야 할 태교문화

(1) 태교는 태아를 가르치는 것이 아니다

진정한 태교라는 것은 어질고 착한 영혼을 가진 사람이 태어날 수 있도록 하는 부모의 의지와 노력이다. 그러기 위해서는 먼저 나의 인격을 향상시켜 나의 영혼, 마음을 밝고 맑은 태양같이 하는 것이다. 그래서 태아에게 그 태양의 빛을 받으면서 따뜻하고 조용하게 자라나 자비스러운 영혼을 가질 수 있는 바탕을 마련하는 것이다. 그런데 요즈음의 부모는 이미 정서 불안에 스트레스와 욕망에 찌들려 그 태(胎)들은 이미 쪼그라든 상태이다. 이런한 태(胎)에서 자라나 태어난 요즈음의 아이들을 보면 정말 이 나라의 장래를 짐작할 수 있다.

자식을 보면 부모를 알 수 있고, 사원을 보면 그 회사의 미래를 잠작할 수 있으며, 청소년들을 보면 그 나라의 장래를 알 수 있는 것이다.

일전에 어떤 유치원 선생에게서 이런 이야기를 들은 적이 있다. 내용인즉슨 한 아이가 벌써부터 성적인 자위행위가 심하다는 내용이었다. 물론 무의식적으로 벌어지는 일이긴 해도 실로 놀라지 않을 수 없었다. 이외에도 친구들과 놀지 못하거나 누구와도 얘기를 하지 않는 아이, 자폐증, 부모들의 과잉보호로 인해 자신이 생각하는 방법을 모르는 아이들 등이 너무 많다고 한다. 이러한 것들은 정서불안에서 시작되는 것인데 이러한 증상이 심

명상으로 하는 태교와 육아

해지면 결국은 정신분열을 초래하는 것이다. 유치원생이라면 아직 4~7살 정도의 나이인데 이미 정신병의 전초를 보이고 있는 어린 아이들이 늘어나고 있다.

이것은 현실로도 나타나기 시작하고 있다. 한 소아과 전문의로부터 요즘 영아 정신병자들이 부쩍 늘고 있어서 걱정이라는 얘기도 들은 적이 있다.

나는 그런 이야기를 들으면서 도대체 부모들이 어떤 사람들이기에, 아이들을 그 지경까지 만든 것인지 가슴이 답답해왔다. 아이들이 이렇게 병들고 있는 것은 잘못 인식된 태교와 육아에도 문제가 있는 것이라고 생각된다.

요즘 우리 부모들, 먹고 살 형편만 된다 하면 태교다, 교육이다 해서 이것저것 잡동사니로 참 무턱대고 일들을 많이 저지른다. 그들은 혹시 아이들을 위한답시고 변명을 늘어놓을지 모르겠지만 나로서는 너무나 무지한 일들을 저지르고 있다고 밖에는 말할 수 없다.

몇 년 전부터 태교가 마치 유행처럼 번지고 있다. 하지만 그 태교들 대부분은 표피적이고 조급증에 시달리는 현대인들을 속여먹기에 딱 좋은 상술에 지나지 않는다.

말 나온 김에 요즘 유행하는 태교 몇 가지를 짚고 넘어가 보자.

먼저, 무조건 좋다고 하면 태아에게 보여주고, 들려주는 일이다. 자기는 영어에 관심도 없고 잘 하지도 못하면서 배에다가 영어테이프만 들려준다고 과연 태아가 영어천재가 될 수 있을까. 태아는 정신적으로나 육체적으로나 엄마와 하나로 연결돼 있다. 엄마 자신은 불륜스토리의 드라마를 보면서 배에다 모차르트 음악을 들려주는 일은 결국 엄마 따로, 태아 따로를 강요하는 일이나 마찬가지다. 십중팔구 태아는 이런 엄마의 태도에 심한 스트레스를 느끼며 애정 결핍으로 가득 찬 정서가 된다.

이러한 상태에서 태어나 6개월 정도가 되면 그때부터 또 조기교육을 시키는 부모들을 보면서 '부모가 자기 자신의 허세와 욕망을 위해 이렇게까지 아이들을 정신적으로 혹사를 시키고, 정신적·두뇌적인 노예로 만들 수가 있는가' 하는 생각이 든다. 아마도 그 부모들은 이구동성으로 이야기할 것이다. 이 시대가 그렇게 만든 것이지 내가 아니라고…… 그리고 그 아이를 위해서라고……. 그러나 여기서 진정으로 과연 아이를 위해서, 또는 이 사회가, 이 시대가 만든 것이냐고 묻고 싶다. 부모가 자식을 키우는데 누구의 탓으로 돌릴 수는 없다.

그런 부모는 먼저 부모가 될 자격이 없고, 그런 사람은 부모가 되어서는 안 된다. 부모가 자식에게 가르치는 것은 지식이 아니라 맑고 밝고 따뜻한 영혼의 터전을 마련해주고 사회성을 키워 원만하고 부드러운 인간관계를 가질 수 있는 소질을 키워주어야 하며, 넉넉한 마음의 씀씀이를 가르쳐야 한다. 이러한 영혼의 틀이 뇌에 잔잔한 자극을 주고, 이러한 잔잔한 자극이 가장 EQ·

IQ를 높이는 강한 요인이 된다는 사실을 알아야 한다. 흔히 말하는 EQ라는 것은 이러한 깨끗한 영혼을 말하는 것이다.

또, 이런 태교도 있다. 임신 중에 부부관계를 많이 가져서 태아를 흔들어 자극을 주어야 한다는 것이다.

도대체 제정신으로 하는 말인지 의심이 될 정도로 무지막지한 태교가 아닐 수 없다. 이 태교는 성적인 오르가슴을 느낄 때 산모에게 기분이 상승되는 호르몬이 분비돼 그 호르몬이 태아도 자극시켜서 좋다는 내용이다.

하지만 이 태교는 하나만 알고 둘은 모르는 사람의 주장이라고 생각한다. 심지어는 임신기간 중에 뜸해진 부부관계 탓으로 혹시 남편이 외도나 하지 않을까 걱정하는 임산부들의 심리를 교묘히 이용한 것이 아닐까 하는 의심이 들기도 한다. 임신 중에 즐거운 성생활을 많이 하면 뇌에서 엔도르핀이 많이 나와 태아의 뇌에 자극을 주어 뇌세포가 연결되는 시냅스, 즉 신경망이 확산된다는 이론이다.

여기에서 이러한 태교를 두고 우리가 꼭 알아야 할 점은 부부가 성생활을 할 때에 초음파사진으로 확인을 해도 확실히 태아의 성기가 발기를 한다는 것이 밝혀진 사실로 보아 태아도 성적 흥분을 한다는 점이다. 그러니까 이것은 부모가 임신 중에 무분별하게 성교를 갖는다면 태아도 똑같이 성생활을 하는 것이나 다름없다는 얘기이다.

생각해 보자. 우리의 영혼이 뇌세포에서 다 이루어지는 것일까. 우리의 생각과 습관과 행위가 모두 머릿속에서 만들어지는 것일까. 아니면 유전인자에 의해서 모두 명령되어지는 것일까. 마음이 뇌세포에서만 만들어지는 것일까.

상상을 해보라. 뱃속에서부터 성에 민감해진 아이가 이후 성장해서 어떤 아이로 성장할지. 물론 태아 시절에 중요한 뇌의 신경망의 확산이지만 과학적으로 말하는 이 신경망 이외에 태아에게 주는 영향을 이외에도 우리 주변에는 결코 현명하다고 말할 수 없는 태교가 수두룩하다.

그런데 이런 태교들 사이에 통하는 공통된 이론 하나가 있다. 그것은 바로 태아에게 어떤 식으로든 자극을 주어서 가르쳐야 한다는 것이다.

하지만 이 이론은 천부당만부당이다.

태아를 과소평가해도 유분수지, 태아는 우리보다 몇 십 배, 아니 수치로 따질 수 없는 영적인 힘이 있고 오감이 맑게 열려 있기 때문에 어설프게 태아를 가르치려는 행동은 오히려 태아의 정서만 삐뚤어지게 만드는 결과를 초래하게 된다. 좋은 것 가르치는데 뭐가 문제야, 라고 반박할 사람도 있을 것이다.

물론 가르치는 것도 필요하다. 하지만 그건 제대로 된 태교를 한 후에 이루어져야 하는 것이다. 그렇다면 제대로 된 태교는 무엇인가? 라고 물을 것이다.

명상으로 하는 태교와 육아

제대로 된 태교는 앞에서도 이야기했듯이 부모의 인성의 밭을 잘 가꾸고, 영혼을 맑게 하는 일이다. 흙을 잘 가꾸지 않으면서 땅이 비옥해지는 것을 바라고, 한술 더 떠서 탐스럽고 튼실한 열매 맺기를 바라는 사람이 있다고 생각해보라. 그 얼마나 무지한 기대인가. 아마 평생 땅을 일군 농부가 알면 "예끼, 이놈"하고 노여워할 것이다. 농부는 열매를 바라기 전에 땅을 가꾸는데 온 정성을 다 기울인다. 땅은 곧 생명이고, 농부 자신과 일체로 생각하기 때문이다.

나는 태교도 마찬가지라고 생각한다. 자기 마음의 땅에서 좋은 씨앗인 제 2세를 키우기 위해서는 자기 마음의 땅을 가꿔야 하는 것이다.

그럼 한 사람의 마음의 땅이란 무엇일까. 그건 자신이 과거에 쌓은 인성의 밑바탕, 즉 마음이 맑은지 탁한지, 어두운지 밝은지, 그리고 성품이 곧은지 비뚤어졌는지, 이 모든 인성의 바탕들이 총망라된 것들이라고 할 수 있다.

탁하고 비뚤어진 마음은 자석처럼 비슷한 마음으로 이끌리게 마련이다. 그처럼 마음이 탁한 산모에게는 그와 비슷한 운명을 가진 태아가 오게 될 것이다. 만약 인성이 바르지 않고 마음이 맑지 않은 산모와 태아가 욕심으로 가득 찬 태교를 한다면 태아에게는 버거운 스트레스만 안겨줄 뿐이다. 태아는 억지로 뭔가를 배우거나 무분별한 자극을 받는 것을 절대 원하지 않는다.

태교

태교의 중심은 어디까지나 태아이어야 한다. 부모가 욕심껏 하는 일이 절대 아닌 것이다. 태아는 저 무의식의 세계로부터 자기 과거 생에 쌓아온 운명의 보따리를 앞에 두고, 또 부모가 과거 생부터 쌓아온 운명을 바라보면서 '아, 앞으로의 인생을 어떻게 살아야 할 것인가' 하고 생각하고 있을 것이다.

그럴 때 만약 엄마가 억지로 좋아하지도 않는 영어나 음악 동화를 들려주며 자기만족에 취해 딴 세상을 살고 있으면 태아는 분명 외롭고 힘들 것이다.

태아는 부모의 맑은 영혼으로 자신의 영혼을 맑게 청소해주기를, 또한 부모의 간절한 기도로 자신의 운명을 좋은 방향으로 만들어주기를 기대하고 있을 것이다. 그런 태아의 마음을 읽고 도와주는 일이 태교의 시작이며 끝이어야 한다. 그래서 어쩌면 태교는 태어날 때부터 죽을 때까지 해도 다 못다 할 지도 모를 일이다.

태교는 언제부터 해야 하는가

(2) 청소년 명상태교의 중요성(태교는 인성교육이다)

언제나 명상태교는 청소년 때부터 해야 한다고 했는데 요즈음 생각이 달라졌다. 지금은 초등학교 때부터 해야 한다고 말한다. 어렸을 때부터 올바른 인성과 품성을 지닐 수 있도록 하는 것이 곧 올바른 태교와 연결이 되기 때문이다.

명상으로 하는 태교와 육아

마음을 다스린다는 것은 정말 어려운 것이다. 인성은 하루아침에 변하지 않는다. 임신이 되었다고 좋은 마음, 편한 마음을 가져야 한다고 가질 수 있는 것도 아니다.

태교는 엄마의 업을 녹이고 인성을 키우는 것에서부터 시작인 것이다. 그래서 임신을 알고 나서부터 태교를 한다는 것은 너무 늦다. 어렸을 때부터 인성과 품성은 키워져야 한다. 인성과 품성은 태내환경과 성장과정의 환경, 즉 가정교육과 학교교육·사회적인 교육에 의해 결정되는 것이다. 그러한 인성교육은 그들의 마음의 밑거름이 되어 더욱더 풍성하고 윤택한 삶을 만들 수 있다.

어릴 때부터 명상을 반듯이 눈을 감고 가부좌를 안 한다 해도 가정환경을 조용하고 평화스럽게 만들어줌으로써 시작되는 것이다. 이러한 환경에서 자란 아이들이 명상을 아주 쉽게 대면할 수 있는 예를 많이 보았다. 이러한 아이들이나 청소년들의 명상은 마음에 때가 덜 묻었기 때문에 아무런 장애가 없이 몰입할 수가 있다.

어렸을 때부터 명상을 하게 되면 우선 스트레스에 강해지고, 지금 같은 정보의 홍수에도 자신을 잃지 않으며, 자신의 좁은 생각에 치우지지 않아 사고의 범위가 상당히 넓어진다. 사고, 즉 생각하는 방법은 자란 환경과 습관에 의한 것이기 때문이다. 자신의 성격과 자기 식의 사고 안에서 욕심으로 인해 욕구불만이 생기고 그로 인해 불안해지고 초조해진다. 그것이 곧 스트레스가 되고, 이 스트레스에 시달리게 되면 사고 능력이 무력해지고 인내심이 없어져서 청소년이 되었을 때는 앞으로의 자신의 인생계획에 대한 사고 결핍증이나 의존성에 의한 성격장애가 일어나기 쉽다. 어렸을 때부터 명상훈련을 하여 자신을 생각하고, 분석하고, 관찰하는 능력을 키우게 되면 무엇이 욕심이고, 또한 그러한 마음이 어디서 오는 것이라는 것들을 알게 된다면 이러한 것들을 극복할 수 있는 힘이 어렸을 때부터 자연스럽게 생기게 되는 것이다.

명상을 하게 되면 21세기의 인재에게 필수적인 항목인 균형 있는 두뇌발달과 강한 집중력이 생기고, 창의력 향상에도 도움이 되며, 모든 것을 긍정적으로 생각하여 현실에 대한 적응력도 키울 수 있을 것이다.

필자는 몇 년 전부터 학생들이 방학만 되면 몸과 마음이 바쁘다. 그 이유는 초등학생부터 중·고등학생들을 대상으로 명상태교강의를 하고 있기 때문이다.

대구 파계사의 석성우스님은 이십 년 전부터 청소년 때부터 명상태교를 해야 한다고 강조, 또 강조해오셨다. 처음 스님의 이야기를 들었을 때는 솔직히 말해 머리로는 이해가 갔지만 가슴으로 100% 와 닿지 않았다.

하지만 지금은 필자도 청소년 명상태교운동이 범국민적으로

명상으로 하는 태교와 육아

확산돼야 한다고 주장하고 다닌다. 왜 청소년 명상태교를 널리 알리는데 더욱 노력하지 않았을까 하는 자책이 들 정도다.

얼마 전에 한 신문의 기사를 보니 '대한민국에서 제정신으로 살기 힘들다' 란 제목의 기사가 큼지막하게 난 것을 보았다.

정말 아이, 어른 할 것 없이 점점 흉악해지고, 사회의식 수준은 점차 이기주의와 물질만능으로 치달아 오히려 제정신인 사람들이 적응하기 힘들 정도다.

정치인들은 구시대적인 당파싸움과 권력싸움에만 급급한 나머지 국가기강과 윤리의식은 엉망이며, 지난 몇 십 년 간 조변석개식으로 바뀌는 교육여건하에 자라온 아이들은 소신 없고, 나약하며, 거기다 폭력성향과 음란성만 더욱 부풀어지고 있다. 심지어는 초등학생들 사이에서도 집단 성폭행이 일어나고, 형제를 죽이는 어린아이가 나오는 현실이다.

이러한 것들은 요즈음의 아이들에게 자연을 가르치고, 윤리를 가르치고, 도와 덕을 가르치는 어른이 없고, 자연의 법칙과 우주의 원리를 가르쳐주는 정신적 지도자가 없기 때문이다. 가야 할 길을 잃고 방황하는 청소년들이 많아진 이유는 부모다운 부모, 성숙한 어른다운 어른이 없어진 탓이다. 그래서 청소년들에게는 큰 포부가 없고, 희망이 없고, 목표가 없는 것 같다. 초등학교에 들어가면 선생님이 제일 큰 포부요, 희망이요, 목표가 되어야 할 텐데 들어가자마자 아이들은 뒷전에서 부모에게 봉투를 받는 선

태교

생님들의 모습을 보고 자란다. 그러한 마음들이 자랄 수가 없는 것은 당연한 것이다.

이러한 사회에서 건전한 청소년이 자랄 수 있게 하는 것은 스스로가 인간의 본연의 마음을 되찾게 하여 정확한 판단력을 키워주는 것밖에는 없다. 언제나 마음의 본질을 찾아서 생각하고, 반성하고, 감사할 수 있는 풍부한 감성이 자랄 수 있는 명상을 시키는 길밖에는 없다는 결론을 얻었다.

또한 청소년들이 개인적인 스트레스와 사회적인 스트레스에서 벗어날 수 있게끔 지켜줄 수 있게 하는 것도 자발적으로 하는 명상밖에는 없다. 스트레스에 연약한 지금의 청소년들은 무기력증에 빠져, 피해망상과 현실도피성에 허덕이고 있다. 우리 나라의 청소년들 중 약40%가 우울증에 걸려 있고, 또한 약30%는 자살 충동증을 느꼈다고 한다. 이 숫자는 보통 심각한 것이 아니다. 스트레스라는 것은 영아·아동·청소년·임산부에게는 치명적인 것임을 알아야 한다.

현대는 스트레스시대라고 할 만큼 집안에서, 집 문을 나서면서부터 시작해서, 길거리에서, 학교에서, 모든 곳에서, 모든 사람들한테 스트레스를 받고 산다고 생각하는 사람이 많다.

우리는 스트레스라는 단어를 알고 스트레스가 주는 영향이 얼마나 큰 것인지는 알아도 스트레스 해소하는 방법을 잘못 알고 있는 사람이 너무 많다. 특히 유아·청소년과 임산부들이 잘못

명상으로 하는 태교와 육아

생각하여 올바른 스트레스 해소를 하지 못한다면 그것이 곧 사회의 병이 되고 사회의 악의 원인이 된다.

스트레스라는 단어의 뜻은 '충격'인데 이 '충격'은 마음이 여리고, 연약한 사람이 더 많이 다친다. 부모의 과보호로 인한 요인으로 자기의 일을 타인의 힘에 의존하고 또한 생각할 수도, 힘도 없게 된 지금의 청소년들이 좋은 예일 것이다.

다시 말하면 과잉보호로 자라난 아이들은 위기에 약하기 때문에 도피로 빠지기 쉽다. 술 · 마약 · 도박에 어쩔 수 없는 자신을 숨기고 마는 것이다. 범죄를 일으키고 있는 청소년들의 특징이 원하는 대로 되지 않았을 경우에는 미움, 과잉반격, 충동심, 피해망상증 등의 성격형상을 볼 수 있다. 아직 범죄로는 나타나고 있지는 않지만 많은 청소년들의 마음속에 도사리고 있는 싹이기도 하다. 이러한 것들이 성격형성이나 생활환경에 의해 악순환이 되어 더욱더 그들의 사고 방식이나 생활태도를 변하게 하는 것이다.

스트레스가 많은 현대인의 마음은 불안 · 초조 · 불면증 · 과잉반응 등이 정서불안을 초래하고, 정서불안이 인내심과 사색하는 마음의 여유를 없애면서 즉흥적인 판단과 결단을 내리게 하여 불행한 인생을 초래하는 결과를 갖고 오는 것이다.

잘못된 사고 방식과 가치관, 인생관이 결국에는 인생을 그르치게 하는 것이다.

　이러한 증상은 스트레스로 인한 이유가 대부분이지만 그것조차 인식을 못하는 청소년들도 많다. 그러면 이러한 스트레스라는 것은 어디서 오는 것일까? 누구의 탓일까? 이것은 스트레스는 어떤 것에 의한 것이 아니고 누군가 주는 것이 아니라는 것을 알아야 한다. 스트레스는 자신의 욕심이 만들어낸 자신의 어두운 성격과 무지한 사고방식, 그리고 잘못된 인생관과 가치관에서 오는 것이다. 몸과 마음에 큰 병을 가져오는 이 무서운 스트레스, 이것은 올바른 명상을 바탕으로 하는 생활을 함으로써 해소할 수 있다.

　현대인들은 얕고 짧은 호흡을 하면서 살아가고 있다. 이러한 호흡은 몸과 마음을 산소 결핍증에 떨어뜨린다. 그리고 산소가 결핍이 되면 우리는 숨을 쉴 수가 없게 되며 몸 안의 기능은 저하되고, 뇌세포는 치명적인 손상을 입게 되어 결국은 식물인간이 된다. 필자는 우리 나라 사람들이 지금 이러한 극한 상태는 아니지만 거의 비슷한 상태까지 오지 않았나 하는 착각에 빠질 때가 있다.

　명상은 몸과 마음에게 심호흡을 하게 한다. 명상은 산소를 몸과 마음의 구석구석까지 전달하는 능력이 있다. 명상은 긴장을 풀게 하여 생각을 깊게, 여유있게, 넓게 하는 방법을 스스로 터득할 수 있게 한다. 사람은 누구나가 얼굴이 다르듯이 생각하는 방법이 가지각색이다. 부모나 선생님이라고 해서 얼굴을 고쳐

줄 수 없듯이 생각하는 방법을 고쳐줄 수는 없는 것이다. 자기의 마음은 자신밖에 고칠 수가 없다.

몇 십 년 전에 청소년들에게 명상태교를 시켰다면 그들이 낳은 2세들이 지금쯤 청소년이나 젊은이들이 되어 있었을테고, 그렇다면 지금의 모습은 절대 아니었을 것이다. 또 그들이 기성세대가 되면 사회는 지금보다 훨씬 더 살기 좋아질 수 있지 않을까.

며칠 전에는 나에게 어떤 중년의 남자 분이 전화를 걸어 울먹임에 가까운 목소리로 이런 말을 했다.

"선생님, 대한민국에는 더 이상 희망이 없는 것 같습니다. 명상태교만이 우리 미래를 위해 투자할 가치가 있습니다."

이러한 생각을 갖는 어른이 많이 생긴다면 우리 나라의 청소년에게도 희망은 있다고 자신감이 생긴다. 앞으로 좋은 2세가 태어나서 지금의 우리 사회를 물갈이하지 않는다면 대한민국은 지금보다 더 살기 힘든 사회가 될 것이다.

요즘 젊은 부부들 사이에서는 대한민국만큼 자식 기르기 힘든 나라가 없다고 해서 이민을 가버리거나, 아이 낳기를 거부하는 사람들이 많아지고 있다고 한다.

나 하나도 추스르기 힘든 세상에서 어떻게 아이를 키우느냐, 하는 것이 바로 그들의 주장이라고 한다. 이들의 주장은 언뜻 듣기에는 설득력이 있는 것으로 생각되지만 결코 현명한 판단은

태교

아니다.

어느 사회든 다음 세대는 우리 생존의 기본조건이다. 다음 세대가 없으면 우리 자신은 물론, 우리 민족·우리 국가는 자멸하는 것이나 다름없다.

나는 젊은이들이 좀더 적극적으로 사고해주었으면 좋겠다. 현실을 직시했으면 현실을 변화시키기 위해 노력하는 것이 한 사회의 젊은이들 몫인 것이다.

그런 의미에서 나는 그들에게 묻고 싶다.

"그대들은 왜 진작에 부모가 될 준비를 하지 않았나?"

부모가 될 준비를 하는 것이 바로 청소년 명상태교이다

청소년 명상태교 덕목

청소년들이 성장해서 올바른 인연을 맺어 올바른 성의 개념을 갖고 올바른 잉태를 해서 올바른 태교와 육아를 해야 올바른 가정이 되고 올바른 사회와 국가가 된다.

청소년들이 좋은 생각과 좋은 습관을 가져서 행복한 인생을 영위하는 것이 청소년 명상태교의 목적이다.

① 술·담배·마약을 하지 않는 사람(건강한 육체에 건전한 정신, 적당한 운동)

② 부모에게 효도를 하는 사람

③ 살생을 하지 않는 사람(낚시·사냥—생명을 가볍게 여기지

말라)

④ 거짓말과 두말을 하지 않는 사람

⑤ 도둑질을 하지 않는 사람(남의 물건을 탐내고, 남에게 인색한 사람)

⑥ 예의 범절을 아는 사람─좋은 생각, 올바른 습관

⑦ 감사할 줄을 아는 사람(부끄러움을 알고, 분수를 아는 사람)

⑧ 남을 미워하고, 욕하고, 때리고 증오하고, 질투하고, 시기하고, 기준 없이 함부로 생각하는 사람(좋은 친구, 좋은 이성을 사귀는 사람)

⑨ 함부로 생각해서 극단적으로 생각하고, 행동하지 않는 사람(중용, 절제를 아는 사람)

⑩ 음식을 함부로 먹지 않는 사람, 아침 점심 저녁을 규칙적으로 먹는 사람, 아무거나 먹지 않는 사람, 인스턴트를 잘 먹지 않는 사람(콜라 · 커피 · 스낵 · 라면 · 햄버거 · 피자 등을 먹지 않는 사람)

⑪ 옷을 우아하게 입는 사람(머리를 물들이거나, 옷을 천하게 입지 않고 감추는데 아름다움이 있다는 것을 아는 사람)

⑫ 책을 많이 읽는 사람(위인전을 읽고, 마음에 모델을 세워라, 과학책, 불경, 철학, 마음에 관한 책을 많이 읽는 사람)

⑬ 개성을 잃지 말고, 주관을 갖고, 올바른 판단력이 있는 사람(TV의 영향이 크다. 영상의 시대, 수동적이 되지 말고 능동적으로 생

각하고, 자신감을 갖고 주체성을 갖고 사는 사람)

⑭ 능력을 파악하고 자주성과 인내심을 갖고 창의력의 중요성을 인식하는 사람

⑮ 말을 적게 하고, 남의 말을 들을 줄 아는 사람

⑯ 배움의 시기를 놓치지 않는 사람

⑰ 마음이 밝고, 맑고, 따뜻한 사람(새로운 깨끗한 영혼이 올 수 있는 기회)

⑱ 원을 세우는 사람

'청소년 명상태교'라고 하면 사람들은 청소년들의 성교육이라고 생각하기도 하고 "망측해라. 청소년들이 벌써 임신을 해서 태교를 시키나 보지"하면서 생각하는 사람이 많다.

그러나 '청소년 명상태교'란 인성교육 또는 근본교육이라는 뜻을 포함하고 있다.

좋은 아이를 낳고 기르기 위해서는 부모가 먼저 좋은 사람, 지혜로운 사람이어야 한다. 그런데 이런 사람이 되는 일은 단시간 혹은 몇 번의 훈련으로는 되지 않는다. 인격에 대해서, 가치관에 대해서 알기 시작할 때부터, 그러니까 초등학생 때부터 명상태교를 해야 하는 것이다.

아직까지 청소년뿐만 아니라 어른들마저도 소년 소녀 청소년 명상태교에 대해 제대로 이해하지 못하고 있는 게 사실이다. 하

명상으로 하는 태교와 육아

지만 누구나 실천하기 시작하면 그 과정에서 자연스럽게 이해도 되고, 중요성을 깨닫게 마련이다.

작년 대구 파계사에서 명상태교강의를 하고 있는 동안 한 남자가 딸아이를 데리고 스님을 만나뵈러 온 일이 있었다.

중학교 3학년쯤 돼 보이는 그 딸아이의 품새를 보니, 머리는 노랗게 물들이고 옷장보다는 신발장에 더 잘 어울리는 듯 땅을 쓸고 다니는 청바지, 아마도 그 소녀는 힙합문화에 빠져 있는 것 같았다.

남자는 스님께 한숨을 쉬며 걱정을 늘어놓았다.

"스님, 내 딸아이 우짜면 좋습니까? 공부도 안 하고, 맨 나쁜 친구들만 만나고 다니니……."

남자의 걱정을 가만히 듣고 계시던 스님은 망설임 없이 말씀하셨다.

"명상태교를 시키십시오."

그러자 그 남자는 펄쩍 뛰면서,

"스님, 무슨 소린교. 딸아이가 막 나가긴 해도 아직 그런 짓까지는 안 합니더.(딸아이를 보며 다그친다) 그렇지?"

"그럼요."

겁먹은 딸아이는 눈을 끔뻑하며 대답했다.

그래도 여전히 스님은,

"명상태교는 본래 아주 어릴 때부터 하는 겁니다. 굳이 명상태

교라고 부르기 싫으시면 인성교육이다, 이렇게 생각하세요. 아마 자연스럽게 성교육도 될 겁니다!'

그렇게 그 힙합소녀는 나의 명상태교강의를 듣고 명상을 시작했다. 강의를 들으러오면서 힙합소녀는 아주 불만인 모양이었다. 하지만 그런 힙합소녀를 보고 나무랄 수는 없는 일이었다. 천천히 설득해야 했다.

소년 소녀 때는 어떤 극악스러운 일을 하더라도, 대부분 아직은 순수함이 남아있을 시기다. 그래서인지 아이들은 이런 강의를 사심 없이 잘 받아들인다.

힙합소녀도 처음에는 시큰둥하더니 시간이 지날수록 조금씩 진지해졌다. 강의내용을 이해하면서 이들은 명상시간에도 더욱 진지했다. 며칠 동안의 강의와 명상실천을 마치고, 나는 힙합소녀에게 강의를 통해 느낀 점이 있으면 좋은 것이든, 나쁜 것이든 말해보라고 했다.

그랬더니 의외로 진지하게 이렇게 이야기를 하는 것이었다.

"나는 내가 여성이라는 것이 처음으로 자랑스러웠어요. 임신을 하는 일이 그 큰 우주로부터 생명을 받는 일이고, 그 생명을 더욱 바르게 키울 수 있다는 게 너무 뿌듯해요. 그리고 태교는 임산부만 하는 것이 아니라 어렸을 때부터 해야 하는 인성교육이라는 사실도 아주 확실히 알게 됐어요."

나는 이 힙합소녀가 크면 아주 좋은 어머니가 될 것이며, 훌륭한 2세를 낳아 기르게 될 것이라고 확신한다.

캠프가 끝난 후에도 집으로 돌아가서 저마다 명상을 하며 명상일기를 쓰도록 하는 것은 무척 중요하다.

그들이 매일처럼 명상을 실천하면 더없이 좋은 일이지만, 그렇지 않더라도 며칠 동안만이라도 하루에 15분씩 차분히 앉아 있는 것 자체로 뜻깊은 훈련이 될 것이다. 더 나아가서는 자신의 삶이 어긋날 때마다 명상으로써 차분하게 자신을 돌이킬 수 있는, 늘 깨어 있는 어른으로 성장한다면 그 얼마나 뿌듯한 일인가.

실제로 명상태교를 통해 변화된 모습을 보여준 몇몇 아이들의 이야기를 소개하겠다.

집중력 향상으로 공부도 쑥쑥,
바른 인성으로 인간관계도 좋아져!!

이제 막 중학교에 입학한 소녀 J.

맑은 우유 빛 피부에 사슴처럼 가냘프고 긴 목이 무척 인상깊은 J는 초등학교 5학년 때부터 명상을 했다.

J의 할머니가 어느 날 꿈속에서 '파계사'로 가보라는 계시를 받은 것이 인연이 되어 지금까지 3대째 절에 다니고 있다.

J는 언제나 전교 톱(Top)을 놓치지 않는다. 특별히 과외지도를 받는 것도 아니고, 악에 받쳐 공부만 하는 아이도 아니다. J를 알고 있는 사람들은 대부분 J가 공부를 잘할 수 있는 이유는 '집중력' 때문이라고 말한다. J는 어릴 적부터 명상을 해왔기 때문에 다른 아이들에 비해 집중하는 마음이 탁월하다. 집중력을 향상시키기 위해 명상만큼 좋은 훈련이 없다는 것은 이미 많이 알려져 있는 사실이다.

J는 또한, 여느 아이들이 전교 톱인 우등생에게 가질 수 있는 편견이 하나도 맞아떨어지지 않는다. 그래서 J는 모범생이며 우등생이면서도 누구에게나 친구로서 인정받는다. 소위 왕따를 당할 가능성이 전혀 없이, 안심하고 학교를 보낼 수 있는 아이다.

올해로 여름 태교수련회가 3년째를 맞이했는데, 올 수련회 때는 SBS-TV, 불교TV, 라디오 방송국에서 명상태교에 대해 취재를 했다. 그 취재 때 인터뷰를 신청받고 당당하게 응하는 태도를 옆에서 보니 중학교 1학년으로는 느껴지지 않을 정도로 의젓했다. 그리고 명상태교를 하면서 어떻게 변했나 하는 질문에 자주 화가 났었는데 그 화를 자제하면서 절제를 할 수 있다는 대답에 나는 또다시 놀랐다.

J를 보면 누구나 그럴 수밖에 없다는 사실을 안다. 그 아이의 얼굴에서는 눈꼽만큼의 악의는 찾아볼 수 없고, 언제봐도 침착하고 순수하다. 명상으로 잘 다듬어진 인성으로 J는 어린 나이에도 불구하고 자기 나름대로의 매력을 충분히 발산하고 있다. 그래서 다른 아이들에게 부러움을 사면서도 비뚤어진 질투심을 심어주지 않는다.

이제 막 중학교 1년생인 소녀를 두고 너무 칭찬을 하는 것 같지만, 실제로 J는 어디에서도 빛이 나는 아이임에는 틀림없다.

스트레스와 갈등에서 벗어나,
절제력 있는 젊은이로 거듭나다!

이번에는 내 딸아이 얘기를 한번 해보겠다.

지금 미국에서 대학교에 다니는 딸아이는 남편의 일 때문에 주로 외국에서 생활을 했다. 그러다 보니 나름대로 스트레스나 심적인 갈등이 많았던가 보다.

그런 심적 갈등은 대학에 막 입학하면서 더욱 심해졌다. 명문 고등학교를 나오고, 명문대학을 들어갔지만 미국 학생들과 경쟁해야 한다는 것이 더욱 힘들었던 것이다. 딸아이는 스트레스가 너무 심해 급기야 불면증에까지 시달렸다.

그맘때쯤 나는 한국에 들어와 활동하고 있었던 터라 딸아이의 고민을 잘 알지 못했다. 한참이 지나서야 딸아이는 나에게 전화를 해서 이런 말을 했다.

"엄마, 나 명상을 하기 시작했는데, 그렇게 몸과 마음이 가벼워질 수 없어!"

그러면서 그간의 괴로웠던 심정과 불현듯 명상을 해야겠다고 마음먹게 된 일, 명상을 하면서 스트레스에서 해방되었던 일…… 한참동안을 봇물 터지듯 얘기를 털어놓는 것이다.

명상으로 하는 태교와 육아

딸아이는 어려서부터 내가 명상을 하는 모습을 보고 자랐다. 내가 몇 시간씩 명상을 하고 있으면 시키지도 않았는데, 그 어린 것이 말도 없이 조용히 엄마의 명상을 지켜주더니, 이제는 자신이 직접 명상에 빠져든 것이다.

너무나 대견했다. 아무리 딸이라 해도 억지로 명상을 가르치기 보다는 스스로 명상의 길을 찾기를 바라고 있었기 때문에 그동안 딸에게 직접 명상을 지도하지는 않았었다. 하지만 대견스럽게도 스스로 명상을 실천하고 있다니…….

그 뒤로 딸아이는 힘든 유학생활이지만 한번도 갈등을 호소하지 않았다. 오히려 더욱 에너지에 넘쳐서 영어·일어·불어 3개 국어를 마스터하면서 대학성적도 상위권을 유지하고 있다. 성적도 중요하지만 무엇보다 딸아이는 이제 어딜 내놔도 안심이 된다. 명상이란 든든한 지킴이가 있으니까 말이다.

한참 놀기 좋아하고, 유혹에 빠져들기 쉬운 나이에, 부모 곁을 떠나 자유분방한 나라 미국에서 공부하고 있지만, 딸아이는 한번도 잘못된 길로 접어든 적이 없고, 오히려 스스로 절제력을 키워나가고 있다.

요즘 자식들을 조기유학을 보낸 부모들, 그리고 조기유학을 보내고 싶어하는 부모들이 많은데 모두들 어린 나이에 유학을 보내서 못된 길에나 빠지면 어떻게 할까 하는 문제가 가장 큰 고민일 것이다.

태교

하지만 고민만 하지 말고 엄마가 아이들과 함께 명상하는 습관을 길러주면, 자연스럽게 절제력 있고, 성 관념도 바로 서는 청소년이 될 것이다.

제정신으로 살기 힘든 세상에서 아이들 키우기가 정말 힘들다고 말만 늘어놓지 말고, 이제라도 아이 어른 할 것 없이 명상태교를 실천하자. 지금 청소년을 자식으로 둔 부모들이 명상을 해서 마음을 닦으면 10년 후에는 지금보다 조금 더 살기 좋아질 것이고, 젊은이들이 태교와 명상을 하여 2세를 낳으면 20년 후에는 정말 살맛 나는 세상으로 바뀔 것이다. 그리고 어린 소년 소녀들이 명상태교를 시작한다면 30년 후부터 대한민국은 이 세상에서 가장 빛나는 사랑으로 세상을 이끌게 될 것이다.

거듭 강조하건대 명상태교만이 우리 모두가 미래를 평화롭고 행복하게 살아갈 수 있는 유일한 길이다.

(3) 명상태교는 태아의 좋은 운명(업)을 만들어줄 수 있다

우리에게 널리 알려진 말 중에 '자업자득(自業自得)'이란 말이 있다. 뜻을 그대로 해석하면 자기 자신이 저지른 업(業)은 반드시 자신이 받는다는 것이다. 너무나 당연하게 알고 있는 이 말 속에는 대부분의 사람들이 그 깊은 뜻을 제대로 이해하지 못하고 있는 글자가 끼어 있다. 그것은 바로 '업(業)'이다.

"명상태교 이야기를 하다가 왜 갑자기 '업'이야……" 하고 궁

명상으로 하는 태교와 육아

금할 것이다. 그런데 명상태교와 업은 따로 떼어놓고 생각할 수 없다. 왜냐하면 명상태교는 태아의 업을 좋게 만드는 일이기 때문이다.

업은 불교에서 비롯된 개념이다. 하지만 동양에서는 불자가 아닌 사람도 '업보'에 대한 믿음과 교훈을 믿고 따른다. 그럼 종교를 초월하여 우리가 대대로 믿고 따라온 '업'이란 무엇인가.

우리는 흔히 운명이라는 단어를 알게 모르게 참 많이 사용하는데, 아마도 이 '운명'이 '업'을 조금 쉽게 표현해놓은 것이 아닌가 싶다. 운명은 한 사람에게 결정지어진 인생이라고 해석할 수 있다.

그럼 업은 뭘까. 업이란 한 사람의 운명을 결정짓는 수많은 원인과 결과의 집합체라고 할 수 있다. 간단하게 말해 성격·습관·사고방식·무의식까지 이런 모든 것들이 모두 업이고, 이것이 운명을 결정하는 것이다.

우리 모두는 육체를 갖고 살아가는 한 인간의 개념을 넘어 수없는 과거생을 통해 업을 쌓아온 하나의 영혼으로서 존재한다.

한 여성의 뱃속에 잉태된 태아는 수 없는 생을 살아온 영혼으로서, 자신이 쌓아온 업덩어리[業報]를 고스란히 가지고 또 다른 생으로 건너오는 것이다. 그 업덩어리의 무게는 영혼마다 다 다를 수밖에 없다.

여러 과거생에서 어떤 마음으로 살았고, 선연(善緣)을 많이 지었는지 아니면 악연(惡緣)을 많이 지었는지에 따라서 업도 달라지기 때문이다. 그런데 운명도 자기 노력 여하에 따라 바뀌어진다는 말이 있듯이, 업보 또한 자기 노력 여하에 따라 가볍게 만들수 있다.

어떻게 하면 업을 가볍게 할 수 있을까. 그건 바로 명상으로 가능한 일이다. 명상은 단순히 마음을 차분하게 해주어 생활을 편안하게 해주는 방법일 뿐 아니라, 과거생을 거쳐 살아온 '나'에 대한 성찰의 시간이기 때문이다.

명상을 통해 끊임없이 집중을 하다보면 '나'를 객관적으로 볼 수 있는 제 3의 눈(지혜의 눈)이 열리고, 그 눈을 통해서는 몇 겁의 시공을 투시할 수 있는 힘이 생긴다. 지혜의 눈으로 보는 명상의 세계 속에는 지금 생의 나는 물론 과거생을 살고 있는 '나'의 모습까지도 있다. 그렇게 나의 모습을 객관적으로 보고, 알고, 반성하는 것은 지금까지 내가 쌓아온 '업보'를 깨닫는 과정이다.

명상을 하다보면 과거 내 잘못을 보면서, 어머 왜 저렇게 했을까 하는 반성도 들고, 그렇게 슬프게 느껴지던 일도 어머, 내 생각 하나 바꾸면 될 일을 그렇게 슬퍼했구나……. 하면서 하나씩 하나씩 내 마음의 짐인 업을 씻어내게 된다.

만약 어릴 적부터 명상을 해서 이렇게 마음의 때를 벗고, 마음의 짐을 가볍게 한다면 그만큼 지금 생이 더욱 행복해지고, 다음 생으로 건너가서도 복을 많이 받게 될 것이다.

그런데 2세를 잉태한 임산부가 명상으로 태교를 한다면 자기

명상으로 하는 태교와 육아

자신의 업을 가볍게 할 뿐만 아니라 결과적으로 자식의 업까지 가볍게 해서 그 인생 전체를 좋게 해줄 수 있다. 어머니와 태아는 하나로 연결돼 있기 때문에 어머니의 명상은 그대로 태아의 명상이나 마찬가지이고, 어머니가 맑고 깨끗한 마음으로 태아의 업을 가볍게 해주기 위해 명상을 한다면 태아 또한 어머니와 함께 맑은 마음으로 돌아가 업을 가볍게 만들 것이며, 태어난 후에도 좋은 품성과 좋은 인연을 맺을 수 있는 선근(善根) 높은 아이로 자라날 것이다.

결과적으로 어머니가 명상태교를 한다면 자식의 운명을 바람직하게 만들어주게 되는 것이다.

'업'에 대한 이야기

(1) 불교의 '업'과 유전인자와의 관계

생물학적으로 임신을 설명하면 한 남자의 정자와 한 여자의 난자가 만나 점 하나 크기의 수정란이 생성되고, 그 수정란이 자라서 또 다른 한 인간이 잉태된다.

그런데 그 점 하나 크기밖에 안 되는 세포 속에 대형백과사전 430권 분량의 정보들이 내장돼 있고, 그 정보들은 약 30억 년의 역사를 거쳐 형성돼온 것들이다.

금방 이해가 되지 않을 사람들을 위해 다시 최첨단 생명 공학자들의 설명을 빌리자면, 하나의 유전인자가 새로운 형질로 변형

되기 위해서는 약 100~150년이 걸리고, 그 변형된 유전형질은 또다시 100~150년이 걸려 변형된다. 그런데 한 사람의 평균수명은 고작해야 70~80년이다.

이것은 유전인자가 자식으로 연결되면서 조금씩 변화되어가고 있다는 것이다. 그러니 사람은 죽어도 유전형질은 끊임없이 변형되어가고 있는 것에는 틀림이 없지 않는가. 그래서 현대과학자들은 사람은 죽어도 유전인자는 죽지 않는다고 설명하기도 한다. 이 정도면 한 인간의 유전인자 속에 약 30억 년의 역사가 담겨있다는 설명이 충분히 됐을 것이다.

그런데 이 말을 더욱 깊게 생각해보면 하나의 유전인자 속에는 30억 년 전부터 살아온 이전의 나를 비롯하여 무수히 많은 사람들의 마음과 행위와 그의 습성들이 포함돼 있다는 것을 알 수 있다.

유전인자가 무엇인가. 유전인자는 한 인간의 생각과 행동을 명령하는 가장 근본단위로서 30억 년 동안 무수히 많은 생각, 행동, 인성에서 걷는 습관, 먹는 습성까지 총망라되어있다.

이러한 생각, 행동, 인성, 습관, 습성 등 모든 것은 우리 마음에 담긴 것이며, 몇 십억 년 전해져 온 유전인자와 그 체계는 불교에서 말하는 윤회사상과 인연법과 업보사상의 일부분에 속하는 것이다.

불교에서는 참새 한 마리가 짹 하고 우는 소리에도 과거·현

명상으로 하는 태교와 육아

재·미래가 담겨 있다고 한다. 또한 우리가 매 순간 한생각을 할 때에도 여러 생을 거쳐 형성돼온 업에 의해 영향을 받는다고 한다.

결과적으로 30억 년이 담긴 유전인자의 명령에 따라 행동한다는 생물학적인 설명은 우리의 생각 하나 행동 하나가 여러 생을 거쳐 형성된 업과 인연에 의해 영향을 받는다는 불교사상의 일부분을 과학적으로도 뒷받침해주는 것이다.

우리가 말하는 자업자득이 단순히 권선징악에 근거한 교훈만이 아니라 매우 과학적인 것이라고도 할 수 있다.

그러니까 임신 중의 한 순간의 생각, 행동, 습관들이 그대로 태아에게 유전인자에, 업에 영향을 준다는 사실을 한시도 마음에서 떠나면 안 될 것이다.

불교에서는

사람이 죽어 영혼이 빠져나갈 때 제8식(영혼의 가장 근본적인 의식, 마음)이 가장 나중에 빠져나가고, 태어날 때는 정자와 난자가 만나는 그 순간, 가장 먼저 제8식이 들어온다.

따라서 태아는 가장 원초적이며 근본적인 의식을 소유하고 있으며, 모든 것을 직관直觀으로 받아들인다.

오감(五感 : 보고, 듣고, 냄새맡고, 맛보고, 촉감을 느끼는 것)을 많이 쓰면 쓸수록 분별심으로 가득 차 전체적인 본질을 직관하지 못하고, 그것으로 하여금 업을 쌓게 되는 것이다.

어머니는 태아의 오감이 세상에 물들어 의식 속에서 분별심이 싹트기 전에 명상으로써 태아의 전생 업을 녹여주어야 한다.

(2) 업은 같은 업을 부른다

"영혼에도 빛깔이 있다구요? 그건 믿어지지 않는군요."

내가 업에 대한 강의를 하는 동안 으레 나오는 질문이다.

분명 업에는 빛깔이 있다. 그래서 업은 업끼리 서로 알아볼 수 있다고 한다. 예를 들어서 천상은 흰색, 인간은 노란색, 아귀는 붉은 색, 아수라는 초록색, 축생은 푸른 색, 지옥은 회색이나 검은색이다. 이러한 빛깔에 따라서 업은 업끼리 유유상종으로 만나고, 그것이 환생에도 영향을 끼친다.

윤회와 환생사상을 굳게 믿는 티베트인들은 그들의 민족경전인 ≪티베트 사자의 서≫에서 이렇게 설명하고 있다.

죽은 후 육신을 떠난 영혼은 자신의 업덩어리(카르마)로 뭉쳐 49일 동안 바르도(중음)라고 하는 중간세계에 머물게 된다.(우리나라 49재에 담긴 뜻과 비슷한 맥락이다)

그 중간세계에서 영혼은 철저하게 자신의 업덩어리의 지배를 받게 되고, 그 업의 성격에 따라 여러 가지 감정의 소용돌이에 휩싸이다가, 자신과 비슷한 빛깔과 성격의 업에 의해, 인연에 의해 자석처럼 이끌려 어느 자궁으로 들어오게 된다는 내용이다.

실제로 이런 업의 유유상종은 미국 버지니아대학 정신의학자인 이안 스티븐스 박사를 비롯하여 많은 심리연구가들이 행한 전생회귀, 연령퇴행 연구결과에 의해서도 밝혀지고 있다.

그 중에서 최면투시상태에서 환자의 정신적·육체적 치유방법을 연구한 미국의 에드가 케이시 박사는 수많은 환자사례를 통한 연구결과에서 한 영혼이 자신의 소질과 재능·성격 등을 가꾸기 위해 어떤 특정한 영혼의 필요를 느낄 때, 그 영혼이 환생하는 시기에 맞춰 환생한 경우가 많으며, 육체의 유전적 흐름을 포함한 카르마 윤회는 일종의 자력의 법칙(인연법에 의해)이 작용하여 영혼은 자기 요구에 잘 부합되고 호응되는 무리나 육체에게로 반드시 끌려가게 된다고 밝힌 바 있다.

이렇게 업의 유유상종은 태교에서 아주 중요한 가르침이다.

부모가 어떤 업을 가졌느냐에 따라 다가올 2세의 영혼이 결정되는 것이다. 그렇기 때문에 이 사실을 안다면 철저한 자기반성, 간절한 기도와 명상으로 자신의 업보를 가볍게 해야 할 것이다. 그것이 바로 태교를 위한 밑거름인 것이다.

태아는 어떤 존재인가

(1) 태아의 초능력

몽골인들의 시력은 우리보다 약 5배 정도 좋아서 몇 십킬로미터 떨어진 먹이를 화살로 쏘아 맞출 수 있다. 그 이유는 그들이 복잡한 문명과 공해로부터 방해받지 않고 감각의 능력이 최대한 자연상태 그대로 보존되어 있기 때문이라고 한다.

이처럼 인간의 오감은 복잡한 세상과 접하여 자극에 둔해지면 그 능력은 퇴화돼버린다. 그래서 오감의 문을 열어 놓고, 둔탁하지 않고, 오감을 자유자재로 초월할 수 있는 사람을 우리 사회에서는 초능력자라고 부르고 있다. 그런데 태아가 바로 그러한 초능력자이다.

우리 어른들은 오감으로 모든 것을 분별하고, 판단하면서 마음으로 직결시키기에 욕망에 시달리는 것이며, 욕망에 마음을 찌들게 하면 오감은 둔탁해지게 되어 있다. 그러나 태아는 오감뿐이 아닌 영혼으로 직접 받아들여 마음으로 직결시킨다.

즉 다시 말해서 태아의 오감은 전혀 오염되지 않은 상태로, 자연상태, 정확히 말해 영혼상태 그대로 열려 있기 때문에 초능력자이기도 하다. 그래서 최대 3미터 범위까지 사람의 손가락 윤곽까지 감지할 수 있고, 아주 미세한 소리에도 자극을 받는다고 한다.(참고 : 토마스 바니 저서 ≪태아는 알고 있다≫)

이처럼 태아에게 우리가 상상하기 힘든 정도의 일을 해낼 수 있는 이유는 태아가 인간보다는 영혼에 더 가까운 존재이기 때문이다. 영혼은 인간보다 약 12배 정도 더 많은 것을 보고 느낄 수 있다고 한다. 그러니 영혼에 가까운 태아도 우리보다 12배 넘는 인지능력을 소유하고 있다는 얘기다. 그래서 태아는 현재 자궁 안팎의 일들을 감지할 뿐만 아니라 전생도 기억할 수 있다고 한다.

이러한 것들은 아직 생명공학이나 뇌의학, 과학으로도 증명을 하지 못하고 있다. 아직은 인간의 두뇌에 대해서도 아직 미지수가 많거늘 인간의 영혼을 과학으로 풀기에는 너무

나도 지금의 학문은 미비할 뿐이다. 마음은 마음으로밖에
풀 수가 없을 것이다.

(2) 태아의 뇌 발육

태아는 임신 초 3주부터 뇌 세포의 발육하고 증식을 시작해서,
임신 2~3개월이면 뇌 세포의 형태와 구조가 거의 완성하면서
그때부터는 단지 성장을 거듭한다. 그래서 임신기간 10개월은
다 중요하지만 특히 가장 중요한 시기는 뇌 세포가 결정되는 2~
3개월이다. 우리 인간의 뇌는 간단하게 설명할 수는 없지만 대
뇌·간뇌·소뇌·뇌간으로 구분되어 서로 각자의 기능이 있어
이것이 신경망에 의해 연결이 되어 중추신경계를 이루며, 뇌의
척수는 전신에 퍼져 우리의 감각기관을 통해 마음과 육체를 움
직이는 것이다.

뇌간은 우리의 중추신경을 총망라해서 조절하는 곳이고, 소뇌
는 몸의 평형유지와 운동, 근육을 조절하는 가장 원시적인 파충류
의 뇌, 또는 본능의 뇌라고도 할 수 있다. 즉 반사작용를 일으키게
하는 곳이며, 간뇌는 뇌간·소뇌와 대뇌와의 중간 역할을 하는 곳
으로 포유류의 뇌라고도 할 수 있는 곳이다. 이곳은 적어도 조금
은 교감신경과 부교감신경을 촉진, 억제를 하여 자율신경을 조절
하는 곳이다. 개·돼지·소들이 갖고 있는 수준의 뇌이다.

이들의 뇌를 둘러싸고 있는 뇌 중 가장 바깥에 대뇌피질의 뇌,

즉 대뇌가 있는데 이 뇌로 인해 인간은 다른 동물들과 다르게 이 성적인 판단과 인간다운 생활을 영위할 수 있는 생각할 수 있는 능력을 갖게 된 것이다. 이렇게 해서 인간의 뇌에는 몇 억 년의 진화과정이 있으며 우주의 파노라마에 비유되는 것이다. 이러한 진화과정이 임신 10개월에 다 이루어진다는 것은 엄청난 일이 아닐 수 없고 한 인간의 생명의 존엄성를 깨닫지 않을 수가 없는 것이다.

　이러한 뇌 구조의 발육이 임신 3주에 시작해 임신 6~7개월이 면 거의 마무리되어서 임신 7~8개월이 되면 뇌의 기능이 거의 완성된다.　따라서 6~7개월 된 태아는 이미 의식을 소유하고, 오감에 의해 사물을 인식하고 자극을 받아들일 수 있다. 이 시 기, 산모는 자신의 정서나 건강상태에 대해 각별히 주의를 해 야 한다.

　만약 산모의 마음이 안정되지 않거나 건강상 문제가 발생되면 그만큼 태내환경이 좋지 않고, 양수도 탁해져서 뇌 발육에 장애 가 되기 때문이다.

명상으로 하는 태교와 육아

태아의 오감 발달

태아의 오감 중에서 가장 먼저 발달하는 것은 청각이다. 임신 2~3개월 정도가 되면 삼반규관이 먼저 생기고, 내이 · 중이 · 외이가 형성되며, 5~6개월이면 들을 수 있고, 7~8개월이면 소리에 반응을 하기 시작한다.

미각은 3개월부터 시작해서 7개월이면 거의 완성된다.

시각은 약 4주부터 망막이 생겨서 7개월이면 사물을 보기 시작하는데, 이때는 밝고 어둡기를 기본으로 윤곽을 가릴 수 있을 정도, 완전한 시각은 생후 완성이 된다.

후각은 7~10개월에 완성이 되고 그 전에는 엄마의 후각으로 뇌에 전해진다.

피부감각은 7~10개월에 완성이 된다. 태아는 엄마의 태내에서 오감을 배워나간다. 인간으로서 살아가기 위한 준비를 하는 것이다. 이때 태아의 오감은 엄마의 오감에 의해 색칠되어간다. 엄마가 화를 잘 내면 화를 잘 내는 것을 배우고, 질투를 하면 질투를 배우고, 미워하면 미움을 배우면서 태아의 오감을 설계하여 기본적인 성격형성을 해 나가는 것이다. 이때의 엄마의 오감은 태아의 본보기가 된다는 것을 잊어서는 안 된다.

(3) 남자도 태교를 해야 한다

태교의 중요성에 대해서 알려지고 나서부터 남자 태교도 중요하다는 것이 조금씩 인식되어 가고 있다. 남자들 중 많은 사람들이 태교는 여자의 일이라고 생각하여 남자 태교는 임산부 태교의 보조로써 조금 도와주는 것에 그치는 것이 고작이다. 아내의 배에 대고 태아에게 몇 마디 인사나 건네는 정도를 남자 태교라고 생각한다.

하지만 이제 남자들도 여성 못지않게 아주 적극적으로 태교를 해야 한다. 태교에 있어서 남자 · 남편의 역할이 얼마나 중요하다는 것을 안다면 결코 소홀히 할 수 없을 것이다. 자식이 태어나는데 엄마의 역할보다 아빠의 역할이 덜 중요하게 생각하는 것은 아빠로서의 자각이 부족하기 때문이다. 아마 실감이 나지를 않아서 그 역할에 덜 신경을 쓰는 것일 것이다. 그러나 임신을 하는데 여자 혼자서 임신을 한 것은 아닐 것이다. 자연의 원리대로 땅도 씨도 좋아야 좋은 열매를 걷을 수 있듯이 남자 태교는 여성 태교보다도 더욱더 중요하다는 것을 인식하여야 한다.

아버지의 마음 상태는 태아에게 직접적으로 영향을 줄 수도 있지만, 임산부를 통해 태아에게 영향을 줄 수 있다.

대부분의 남편들은 아내가 임신을 하면 몇 달 동안은 친절하다가, 점점 집 밖으로 돌거나 바쁘다는 핑계로 임신한 아내의 고충을 들어주지 않는다. 그러다 보니 여성들은 임신한 기간 동안 남편에 대해 무척 불안해 하고, 섭섭해 하며 심하면 스트레스까지 쌓인다. 이러한 임산부의 정서가 직접적으로 태아에게 영향을 미치게 되는 것은 너무도 당연한 결과다.

많은 전통태교에서 여자의 몸은 아기를 기르는 것이고, 남자의 몸은 아기를 낳는 것이라고 강조를 하고 있다.

사주당 이씨의 ≪태교신기≫에서는 여자의 태교 열 달보다 남자의 일일지생이 더욱 중요하다고 했다. 남자의 일일지생은 부

명상으로 하는 태교와 육아

부관계를 말하는 것으로, 옛날에 합방을 할 때는 어려운 절차가 있었다. 그 이유는 남자의 일일지생이 올바르게 되어 있어야 그 순간 바른 생명이 잉태될 수 있다고 믿었기 때문이다.

우리가 곡식의 씨를 뿌릴 때도 우선 좋은 씨를 골라야 하며, 땅을 잘 고르고 또 적당한 시기에 뿌리는 것이 중요하듯이 부부가 합방을 할 때도 더욱 시기와 장소를 가려야 함은 물론 또한 예를 잘 갖추어야 한다는 것이다. 이러한 것들은 여자들이 하기보다는 남자들이 알아서 지켜 주어야 한다. 요점은 남자가 자신에게 떳떳이 하여 부끄럼이 없으면 정(精)도 충실하여 훌륭한 아이를 나을 것이다.

이것은 자연의 법칙에서 모든 생명은 음과 양의 조화와 균형이 이루어져야 아름다움을 발할 수 있는 것과 마찬가지로 남녀의 성스러운 화합이 좋은 자식을 얻을 수가 있다는 것이다.

인생에서 훌륭한 자녀를 둔다는 것은 행복의 조건이기도 하다. 한 가정에서 남편의 역할은 하늘과 같은 것이고 부인은 땅과 같은 역할을 한다고 하면 우리 현대의 사람들은 무슨 고리타분한 이야기를 하느냐고 할지 몰라도 이것은 우주의 법칙과도 같은 것이다. 하늘 밑에서 씨앗이 땅에 떨어지면 그 땅은 씨앗을 품지만 하늘의 조화가 이루어지지 않는다면 그 씨는 자랄 수가 없는 것이나 마찬가지이다. 하늘은 따뜻한 햇빛과 구름을 모아 적당히 풍요로운 비를 내리게 해서 그 씨앗을 자랄 수 있게 말없이 도와주는 역할을 하는 것이 남편의 역할이고 아버지의 역할이다.

옛 문헌 《태교신기》에서는 이러한 자연의 법칙 속에서의 진리를 바탕으로 태교에 대해서 언급을 했다. 이러한 것들이 또한 지금의 과학에서도 증명이 되고 있으니 과학, 또한 진리를 벗어날 수가 없는 것 같다. 다시 말하면 우리들의 마음과 행위와 습관을 잘 관찰하면서 올바른 생활인이 되어야 좋은 유전자를 발현시킬 수가 있는 것이고, 좋은 씨 즉 좋은 정자를 많이 만들 수가 있는 것이다.

난자와 정자에는 많은 유전형질과 유전인자가 들어 있다. 그리고 난자와 정자가 만나는 순간에 유전인자는 거의 결정된다고 한다. 그래서 난자와 만나는 정자의 건강 상태가 중요하다는 것인데 만약에 오랫동안 담배를 피거나 술을 먹고 또는 약을 먹고 부부가 화합을 했을 때 그 정자는 건강할 수가 없는 것이다. 이러한 모든 것을 종합해 볼 때에 여자의 태교는 물론이지만 남자 태교의 중요성은 절대적이라고 할 수 있다.

부부관계에 있어서 주도권은 거의 남성들에게 있는데 《태교신기》에서도 남자 태교의 중요성을 강조하는 부분이 있다. '몸에 병이 있거나 마음이 편하지 않거나 천지가 조용하지 않을 때는 아내의 방에 들어가지 않는 것이다' 라는 말과 '스승의 십 년 가르침이 어미가 잉태하여 열 달 가르침만 못하고, 어미의 열 달

명상으로 하는 태교와 육아

교육이 아비의 하루의 마음가짐만 못하다'라는 말도 있는데 이 것은 결국 아비의 정자는 아기의 근본이라는 것이다.

그리고 허준의 ≪동의보감≫에는 임신 전의 부부가 지켜야 할 사항들이 자세히 기록되어 있는데 건강하고 똑똑한 아이를 낳기 위해 선조들이 지켜 왔던 임신 전 태교법이 자세하게 적혀져 있다. 특히 부부가 합방해서는 안 되는 날에 대한 언급이 많다. 삼가야 할 약물, 음식, 유산하지 않는 법, 임신 장리법, 열 달 양태법 등이 수록되어 있다.

또한 ≪동의보감≫에는 이러한 내용들도 언급돼 있다.

첫째, 건강한 몸과 마음으로 조용하고 맑고 따뜻한 상태에서 부부관계를 가져야 한다.

둘째, 술·담배·약을 취했거나 과식한 후, 또는 허기진 상태에서 부부관계를 가져서는 안 된다.

셋째, 크게 흥분하거나 크게 슬퍼서 기가 올라있거나 기가 막혀 있을 때 부부관계를 가져서는 안 된다.

넷째, 초하루·보름·그믐·일식·월식·큰 추위나 더위·큰 바람이 있는 날, 또는 천둥·벼락·안개가 있는 날에도 부부관계를 가져서는 안 된다. (위에 열거한 날들은 천지가 어지러워져 사람이 흥분하기 쉽기 때문에 이때 부부관계를 갖는다면 좋은 아기를 잉태하지 못한다고 생각했다)

다섯째, 어지러운 장소나 욕망으로 탁해진 곳에서 부부관계를 가져선 안 된다.

여섯째, 임신을 한 후에는 부부관계를 될 수 있는 대로 삼가라.

이렇게 선조들이 부부동침의 날을 엄격히 제한한 것은 부부의 교합이 2세를 위한 태교에 무척 중요하고, 동침 순간 아버지의 도가 무척 중요하다고 생각했다.

≪태교신기≫에는 또 이런 내용도 있다.

'아버지에게서 정(精)을 받고, 어머니에게서 혈(血)을 받아 자식이 태어나는데, 사람의 정이라 하면 그 사람의 행동이나 생각이 조그마하게 축소되어 있는 것이요, 또 사람의 혈은 행동과 생각에 따라 수시로 상태가 변하는 것인 바, 자식의 성품은 바로 부모의 행동과 생각이 만들어낸 작품이다.'

쉽게 말해서 부부가 일생을 어떻게 살아왔느냐를 알려면 자식이 어떻게 자라고 있나를 보면 될 것이다. 이렇듯 우리 선조들은 남자의 태교가 얼마나 중요한지를 일찍부터 깨닫고 있었다.

태아의 영혼을 이끄는 것은 부모의 영혼과 마음 상태다.

아무리 어머니가 태교를 열심히 한다고 해서, 아버지의 몫까지 대신할 수 있는 게 아니다.

아버지로서, 남편으로, 늘 마음을 다스리고, 바른 생활태도를 가져야 태아에게도 그대로 전달되는 것이다.

과학적으로 생각하여도 태교를 엄마만 해서는 소용이 없다는 것을 알 수 있다. 난자와 정자가 만날 때에 수십억 개의 정자 중에 하나가 난자를 만나 수정란을 만들어 그것이 분열이 되면서 10개월에 60조 개의 세포가 만들어지고 그것이 나의 아기가 되고 성장해서 사회를 이루는 구성원이 되는 것이다.

그런데 그러한 제일의 기본이 되는 그 정자가 정상적이고 우수한 정자라는 보장은 없다. 현대 남성들의 수중에 우수한 정자가 있는 비율은 날이 갈수록 떨어지고 있는 것이 사실이다. 요사이 불임증이나 습관성 유산이 많은데 이것을 마치 여성만의 책임으로 돌리지만 의학적으로는 오히려 남성의 정자의 불구에서 비롯되는 것이 더 많다고 한다. 지금 현대인의 생활환경을 보면 정상적인 정자의 수가 줄어드는 것이 당연하다. 미성년 때부터의 지나친 음주의 습관, 흡연, 잘못된 식생활, 생체 리듬이 깨진 생활 습관(늦게 자고 늦게 일어나는 습관), 전자파를 소나기처럼 맞고 사는 환경이나 환경호르몬 등…… 이러한 것들은 몸과 마음에 많은 스트레스를 주고, 정신적으로는 정서 불안의 근원이 되는 것이다. 이러한 마음을 갖고 있으면 정상적이고 우수한 정자가 배출될 수가 없는 것은 당연하다.

스트레스는 마음을 밝은 쪽으로 생각하지 않고, 어두운 방면과 모든 것을 부정적으로, 혹은 근시안적으로 생각하는 데에서 시작되는 것이다. 이렇게 되면 판단력이 흐려지고 인내력이 없어져서 짜증과 싫증으로 인해 결론을 내릴 때는 도피적이고 회피적인 방법으로 자신을 감추고 정당화하는데 급급하게 된다.

이러한 마음이 자칫 잘못하면 젊은이 중에 아주 자극적인 방법인 성적인 흥분이나 술과 마약에 빠지면서 인생을 지옥으로 만드는 경우가 허다하다.

이러한 상태에서 만약에 결혼을 해서 한 여성과 만나 관계를 하여 아무 생각 없이 아기를 낳는다면 어떠한 아기가 탄생할 것이며, 어떠한 인간으로 성장할 수 있을까. 생각만 하여도 눈앞이 캄캄해진다. 어떠한 가정이 될 것이며, 이러한 인격이 모인 사회는 또한 윤리와 질서와 법도가 제대로 지켜질 수가 있을까.

현대는 물질적으로나 정신적으로나 빠른 것을 요구하는 시대인 만큼 모든 것이 급박하고 절실하다. 이럴 때일수록에 마음은 여유를 갖고 넉넉함을 가져야 한다. 마음의 여유와 넉넉함이 없으면 세상을 바로 볼 수가 없어 세상을 정확하게 읽을 수가 없다. 자신을 바로 보고 바로 읽을 수 있는 것[觀心]은 오직 수행을 하면서 '자아'를 관찰하고 반성하여 겸손한 인생을 걷고, 주위의 인연에게 감사한 마음을 갖고 사는 것이 결국에는 행복을 얻는 지름길이 될 것이다.

자식은 부모의 수행의 결정체인 사리와 같은 것으로, 따라서 태교는 어느 한쪽만 잘해서 되는 것이 아니다.

그런데 우리 나라의 남자들이 정신을 못 차리고 지금 세계의 웃음거리가 되고 있는 일이 있다. 우리 나라 남자들은 못먹는 것이 없기로 세계에서 으뜸일 것이다. 외국에서는 몸에 좋다고 하

명상으로 하는 태교와 육아

면 양잿물이라도 먹는 것이 한국사람이라고 한다. 우리 나라에 있는 희귀한 동물의 씨를 말렸으며, 알래스카의 사슴뿔을 우리 나라 사람이 제일 잘 먹고, 동남아시아에 있는 여러 종류의 동물이나 뱀도 거의 한국사람이 타깃이라고 하며, 호주에서도 한약재가 되는 것은 한국이 제일 많이 들여간다는 얘기도 들었다.

그렇게 별것을 다 잡아먹어도 세계적으로 대한민국 남자들이 특별히 오래 산다는 통계가 없는 것이 이상할 정도다. 남자들은 자신의 비뚤어진 정력과 건강욕구 때문에 무분별한 살생이 자기 2세에까지 얼마나 큰 영향을 끼치는지 모르고 있을 것이다.

그런 의미에서 경상남도에서 있었던 실화 하나를 소개하겠다.

어떤 남자가 양이 정력에 그렇게 좋다고, 그것도 때려서 서서히 죽이면 더욱 좋다는 이야기를 들었다. '옳다구나' 하고 그 남자는 친구들을 불러모아 날씨 좋은 날을 골라서 양 한 마리를 끌고 산으로 올라갔다. 산 계곡에 경치 좋은 자리로 골라서 남자들은 술판, 먹을 판을 벌이고, 양을 나무에 묶어 때리기 시작했다.

"음매…… 음매."

양이 얼마나 두렵고 고통스러웠을까. 그렇게 양을 죽여서 고기를 먹고 간 날, 남자는 아내와 모처럼 만에 잠자리를 가지며 속으로 고기 먹기를 잘했지, 하고 생각했을지도 모르겠다.

그의 속내는 어떻든지 그날 밤 잠자리 덕에 그에게는 아이가 생겼다. 그런데 그 아이가 태어나던 날, 그와 그의 가족들은 기겁을 하고 말았다.

글쎄, 아이의 사지는 잔뜩 오그라들어 있었고, 울면서 양의 울음소리를 내고 있는 게 아닌가. 아이를 집으로 데려와 매일 밤 그 울음소리를 들으면서, 그는 그 울음소리가 바로 죽어가던 양의 울음소리와 같다는 것을 기억해냈다. 그제서야 그는 참회, 또 참회를 했지만, 아이는 이미 태어난 후였기에 때는 늦어 있었다.

어버이의 잘못된 사고와 무지함이 자식의 일생을 나락으로 떨어지게 한 것이다.

남자 태교라는 것은 비록 뱃속에 아기는 없지만 언제나 보이지 않는 단단한 끈으로 태아의 영혼과 연결이 되어 있다는 것을 잊으면 안 된다. 태아는 직감으로 아빠의 모든 것을 보고 듣고 느끼고 배우고 있다는 것을. 태아의 영혼은 우리의 인간보다도 12배의 능력이 있다고 한다.

또한 임신 중 태아가 가장 듣고 싶어하는 소리는 아빠의 목소리이다. 이것은 남자의 목소리는 굵고 낮은 파장을 갖고 있는데 이것이 양수를 통해서 들리면 아주 마음을 편하게 하는 파장이 되고, 또한 아기는 본능적으로 아빠의 목소리를 안다. 왜냐하면 부인이 남편의 목소리를 들으면서 심장의 고동소리도 달라지고, 뇌에서 분비되는 호르몬의 양도 달라지기 때문이다. 이렇게 해서 확인한 아빠의 목소리는 태아에게 안심을 시키는 작용을 한다.

엄마의 배를 쓰다듬으면서 태담을 나누는 것은 뇌의 발육에 상당한 자극을 주게 되어 시냅스가 많이 생기게 하여 머리를 좋게 한다. 떨어져 있어도 마음속으로 태아와 대담을 나눌 수가 있다. 그만큼 태아에게 아빠의 마음은 그대로 전달되는 것이기 때문에 아빠의 올바른 행동, 올바른 말, 올바른 생각이 곧 나의 아기에 대한 교육이 된다.

그러나 안타깝게도 지금까지 우리 아버지들은 태교를 하지 못한 사람들이 대부분이다. 하지만 이제부터라도, 지금 이미 태어났더라도, 이미 청소년으로 성장되어 있더라도, 앞으로의 자식을 위해 꼭 해야 할 일이 있다.

자식들에게 태교를 시키는 것이다.

아버지의 역할이라는 것은 가옥의 대들보와 같은 것이다. 현대의 가정은 대들보가 없어 무너져 가는 가정이 너무 많다. 무너져 가는 가정 속에서 아내와 자식이 밖으로 나와 방황하는 것을 보면 아버지의 존재, 남자의 역할을 제대로 하지 않으면 가정이 무너지고, 사회가 무너지고, 나라가 무너져 가고 만다는 것을 알아야 한다.

지금 우리 나라에는 진정한 사람다운 사람, 남자다운 남자, 여자다운 여자가 드물어 가고 있다. 부모다운 부모가 되려면 먼저 부모되는 사람의 마음 공부를 해야 할 것이다. 그래서 앞으로 자식들이 명상을 하여 바른 마음자리를 기르도록 이끌어주고, 바른 가치관·인생관을 심을 수 있도록 도와주어야 한다.

그러면서 아버지 자신도 그동안 갖지 못했던 마음 다스리는 시간을 자주 가져야 할 것이다.

태교라는 것은 임신 중에만 하는 것이 아니라 자식이 태어나서 그 자식이 부모의 바른 인성을 본받아 또다시 후세를 위한 인성교육을 할 수 있게 하는 것이다. 그래서 태교는 일생을 통해서 일상생활을 바른 마음과 행동과 습관을 가져 좋은 유전자로 개발하고 좋은 업을 지어 2세는 물론 3세, 4세까지도 바라보면서 하는 것이 진정한 태교의 마음가짐이라고 할 수 있다.

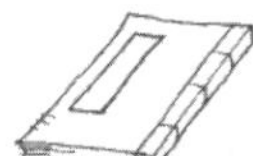

≪태교신기≫

실학사상가로 ≪언문지諺文志≫를 남긴 유희(柳僖 : 1773~1837)의 어머니 사주당師朱堂 이씨가 지은 것. 사주당 이씨가 진갑 때 교자 집요敎子 輯要에서 양태 절목養胎 節目만을 뽑고 중국 문헌에서 태교에 관한 내용을 보충하여 지은 것을 아들 유희가 한글로 다시 써 오늘에 이른다.

허준의 ≪동의보감≫에서는…

'화내면 태아의 피가 병들고 두려워하면 태아의 정신이 병들고 놀라게 하면 태아에게 간질을 갖게 한다' 고 말했다.

명상으로 하는 태교와 육아

 우리 함께 생각해요

(1) 결혼 전, 남성들의 마음 체크

① 당신은 당당하고 부드럽고 넓은 마음입니까?

② 당신은 건전한 마음이 깃들일 만큼 건강하고 튼튼한 신체를 가졌습니까?

③ 사려가 깊고 남을 배려하고 있나요?

④ 취미는 건전하게 갖도록 노력하나요?

⑤ 술·담배·사냥·낚시를 즐기지는 않나요?

⑥ 절제력에 자신이 있나요?

⑦ 시비를 잘하고, 고집을 잘 부리지는 않나요?

⑧ 겸손하려고 노력하나요?

⑨ 늘 즐겁게 생각하려고 노력하나요?

⑩ 남에게 덕담을 잘 건네고, 허물을 덮어주는 아량이 넘치나요?

⑪ 지금 명상을 하여 마음의 여유를 갖고 있나요?

(2) 결혼 후, 남편 태교 덕목

① 가정의 하늘이 되듯이 넓고 조용하고 따뜻한 마음을 갖는다.

② 부인을 존경하고 사랑한다.

③ 양가 부모 섬기기를 똑같이 하며, 효도를 한다.

④ 가정의 질서와 화평, 번영을 위해 좌우명이나 가훈을 정하고 실천한다.

⑤ 약속을 잘 지키고, 인내심을 기르며, 책임 있는 언행을 한다.

⑥ 화를 내지 않고 긍정적인 사고를 갖는다.

⑦ 임산부 앞에서 거짓말이나 잔인한 말, 그리고 행동을 삼간다.

⑧ 임산부에게 명상을 할 수 있도록 도와준다.

⑨ 무엇이든 절제를 하고 덕을 쌓을 수 있도록 한다.

⑩ 낚시를 금하고, 살생을 하지도, 보지도 않는다.

⑪ 태아의 아명을 지어주고, 부인의 배 위에 손을 얹고 대화를 나눈다.

위의 덕목들은 허세를 부리기 위해 꾸미는 완벽한(?) 남성, 멋진 남성이 되기 위한 것이 아니라 이 세상이 원하는 인간다운 인간, 남자다운 남자가 되기 위한 것이며, 또한 가장 기본적인 인격 수행에 필요한 지침이고, 곧 좋은 2세를 얻기 위한 남자 태교의 지침인 것이다.

명상태교의 실천

자투리 태교상식

태아에게 중요한 엄마의 생체시계

인간은 대자연 속에서 태어나고 대자연의 리듬과 함께 살아가고 있다. 뱃속의 아기는 이 대자연의 리듬이 필요하다. 대자연의 리듬이란 태양이 나와 있는 밝은 낮에는 활동을 하고, 어두워진 밤에는 잠을 자는 것처럼 인간이 아주 자연스럽게 적응할 수 있는 몸의 리듬이다.

어느 생물이나 자기에게 맞는 생체시계가 있다. 엄마가 만약 우리 인간에서 가장 적합한 생체시계를 무시하고, 마음 내키는 대로 불규칙하게 생활을 한다면 태아는 태어나기 전부터 생체리듬이 불안정하고, 그러다 보면 정서도 무척 민감해진다고 한다. 그래서 임산부는 반드시 생체시계를 바르게 하여 규칙적인 생활을 해야 한다.

명상태교의 실천

　명상은 앞서 말했듯이 마음을 맑고, 아름답고, 여유롭게 이끌어주는 일종의 수행이다. 우리 모두는 지금의 생에서 뿐만 아니라 수없이 거듭돼온 과거생을 살아오면서 마음에 잔뜩 때가 끼어 있다. 그렇게 마음의 때를 그대로 방치한 채 좋은 운명, 선업(善業)이 두터운 2세를 잉태할 수는 없는 노릇이다. 설령 좋은 운명, 좋은 업의 2세가 인연으로 왔다고 하더라도, 부모의 마음상태가 항상 불안하고 탁하면 오히려 악업(惡業)만 더 쌓게 되고, 훌륭한 인격의 사람으로 성장하지 못할 가능성이 높다.

　그래서 어머니와 아버지 모두 태교에서부터 육아까지 명상이 생활바탕이 되어야 한다.

　그런데 많은 사람들이 명상에 관심이 있으면서도 불필요하게 명상을 어렵게 생각하거나 특정 종교인에 국한된 일이라고 생각하는 경향이 있는 것 같다. 하지만 나는 절대 아니라고 단언할 수 있다. 나 자신도 처음 명상을 시작할 때는 명상의 '명' 자도 모르는 문외한이었고, 특정한 종교를 믿고 있지도 않았었다. 하지만 나도 얼마든지 할 수 있다는 '한 생각' 그것만으로 명상을 실천해 가는데는 충분했다.

내가 처음 명상을 시작할 때 임산부는 아니었지만 지금까지 명상을 하지 않았던 임산부들은 특히 태교라는 뚜렷한 목적이 있어서 일단 마음만 먹으면 명상을 실천하는데 좋은 계기가 될 것이라고 생각된다.

지금부터 나와 같이 명상태교의 방법을 배우면서 매일매일 혼자서라도 명상을 하는 연습을 하도록 하자.

명상태교 실천

(1) 명상태교의 마음가짐

지금까지 명상에 대해서 수많은 책들을 읽고 많은 말들을 들어왔다면 그 지식으로부터 생긴 명상에 대한 고정관념, 예를 들어 명상은 어렵다, 명상을 하면 신비한 체험을 할 수 있다, 몸과 마음이 건강해질 수 있다, 하는 이런 욕심이 포함된 생각들부터 버려야 한다. 이런 것들은 명상을 제대로 실천하다보면 바라지 않아도 이루게 될 수 있지만, 처음부터 이런 생각에 집착하면 마음을 조용히 가라앉히고 집중을 할 수가 없게 된다.

명상으로 얻을 수 있는 마음의 평화는 단기간에 이루어지는 것이 아니다. 그런데 대부분의 사람들이 명상을 시작한지 얼마 되지도 않아서 그런 것을 기대하여 욕심을 부리게 된다. 이런 욕심이 바로 명상의 적이다.

명상태교에 있어서 가장 치명적인 잘못이라면 내 아이를 내가 원하는 방향으로 만들겠다는 목적을 갖고 명상을 선택한다는 점일 것이다. 이런 명상은 마음속에 욕심과 허영만 가득 채우게 되는 결과만 가져올 뿐이다. 명상태교는 처음부터 끝까지 부모가 되기 전 자신의 욕심을 버리고, 마음을 비워내는 작업이라는 점을 명심해야 한다.

명상태교 실천

(2) 명상태교를 위한 생활지침

1) 항상 주위환경을 정리정돈하고, 조용하게 이끈다

주위환경이 산만하고 시끄러우면 우선 명상을 하려는 마음에 장애가 생긴다.

2) 너무 많은 사람들을 만나거나 쓸데없이 많은 말을 하지 않는다

많은 사람들을 만나서 말을 많이 한다는 것은 집중력을 흐트러지게 하고, 잡념의 원인이 되기 때문이다.

3) 너무 많은 것을 보고 듣지 않는다(TV · 영화 · 책 등)

너무 많은 것을 접하게 되면 그만큼 오감(五感)을 오염시키게 되기 때문이다.

4) 단순 · 명쾌하게 생각하는 습관을 갖고, 생활패턴을 단순하게 유지시킨다

어떤 일이든 복잡하다는 것은, 그만큼 불필요한 생각과 행동들을 동반하게 된다. 그러한 생각과 행동들은 생활에 쓸데없는 갈등을 야기시키고 스트레스의 원인이 되기 때문이다.

5) 매일 규칙적인 생활 속에서 되도록 같은 시간, 같은 장소에서 명상을 하는 습관을 갖는다

명상태교 실천

(3) 명상태교의 몸 풀기

명상을 하기 전에 호흡을 편하게 하기 위해서는 아주 가벼운 스트레칭이 도움이 된다. 평상시에 쓰지 않고 굳어져 있는 근육을 부드럽게 하며, 혈액순환이 잘되면서 자율신경 조절에 도움이 된다. 오랜 시간을 앉아있어도 무리가 되지 않도록 하기 위해서 스트레칭은 반드시 해야 한다.

① 명상을 하기 전에 서서 양팔을 쭉 펴서 위로 올린 후에 천천히 내린다. 팔을 올릴 때는 숨을 들이쉬고, 팔을 내릴 때는 숨을 내쉰다.

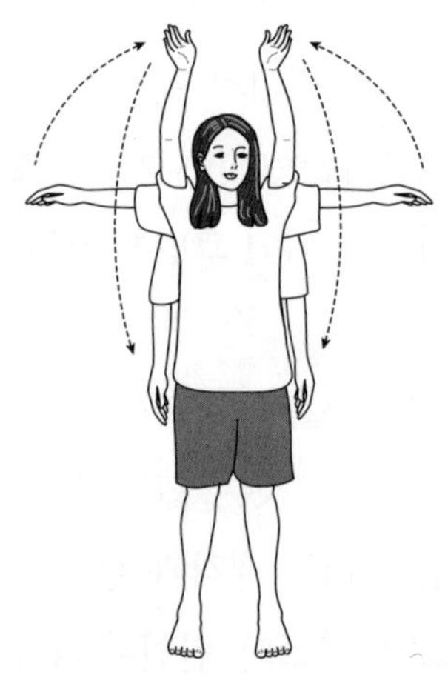

명상으로 하는 태교와 육아

② 발은 어깨넓이로 벌리고 양손을 깍지를 낀 다음에 팔을 앞 ·
뒤 · 위 · 아래로 쭉쭉 편다. 가볍게 목운동을 해주는 것도 좋다.
좌우 앞뒤로 천천히 회전을 시킨다. 머리와 눈을 편하게 한다.

③ 임신 초기 · 임신 중기 · 임신 후기의 임산부들은 운동량과
운동방법을 조금씩 다르게 하는 것이 좋다. 임신 중기 · 후기의
산모들은 앉아서 손을 합장한 채 그대로 머리 위로 올렸다가 가
슴까지 내리고, 또 좌우로 반복을 하는 운동을 한다. 이러한 운동
은 가슴을 펴게 해주며 호흡을 옆구리의 근육을 펴주면서 어깨
의 경직을 풀어준다. 가슴을 벌려 주어 폐의 기능을 돕는 이 운
동은 산소를 많이 흡수하여 임산부 본인은 물론이지만 태아의
산소를 위해서도 아주 좋다. 혈액순환을 돕고 오장육부의 근육
을 풀어주어 소화장애와 장의 운동을 돕는다.

명상태교의 실천

④ 앉아서는 다리를 펴고 상체를 무릎까지 닿게 구부리면서 등에 굳어졌던 근육을 부드럽게 해주고, 양다리를 옆으로 될 수 있는 한 넓게 벌린 후 상체를 구부려서 평상시에 굳어지기 쉬운 다리 안쪽 근육과 허리를 부드럽게 한다. 왼손은 오른쪽 발을 잡고 옆구리의 근육을 늘인다. 다음은 그 반대로 하면서 호흡을 조절하며 천천히 하는 것이 좋다.

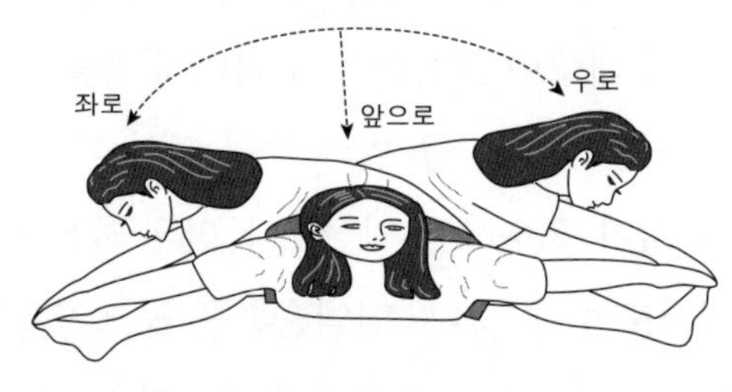

명상으로 하는 태교와 육아

⑤ 임산부의 경우는 몸의 중심을 조금 뒤로 하면서 양팔을 뒤로 해서 지탱을 하며 앉아서 발목을 돌리고 다리를 쭉 뻗어서 발가락에 힘을 주어 앞으로 당기고 뒤로 접히는 운동을 반복한다. 이것은 다리와 발이 붓는 임산부들이 명상을 할 때 도움이 된다. 배에 힘이 들어가지 않도록 한다.

이런 동작들은 차례로 5분 정도 땀이 나지 않을 만큼 반복해주는 것이 좋다.

스트레칭을 할 때도 이미 명상을 시작했다고 생각하면서 마음을 조용하게 가다듬어야 한다. 이와 같은 운동을 명상을 한 후에도 가볍게 똑같이 반복해주면 매일매일 오랜 시간을 앉아서 명상을 해도 무리가 가지 않는다.

명상하기 전의 운동은 아주 조용한 호흡으로 길게, 가늘게, 천천히 하는 것이 포인트이다.

명상태교 실천

(4) 명상태교를 위한 장소

자신에게 안정을 줄 수 있는 공간의 조건이라면 어디든지 상관이 없다. 너무 밝지도 않고, 너무 어둡지도 않은 곳이라서 피로감을 주지 않는 곳이라면 좋다. 체감온도는 너무 춥지도 덥지도 않아 집중이 잘될 수 있는 정도의 곳이 적당하다.

특히, 여름에는 선풍기와 같이 인공바람을 직접적으로 쐬는 것은 집중에 장애가 된다. 만약 에어컨을 켜야 한다면 소음이 들리지 않을 정도로 가볍게 켜고, 가급적이면 기계가 있는 곳에서 떨어져서 자연바람이 불어오는 곳이 좋다.

어떤 사람들은 명상이 어떤 특정공간에 가서, 예를 들어 절에 가거나 명상센터에 가서 해야 한다고 생각하는데, 지도를 받기 위해서는 물론 그런 곳도 필요하지만 그보다는 자신이 가장 편하게 생각하는 집에서 매일 실천하는 것이 가장 좋다. 장소에 너무 연연해서 하루 일과 중 명상을 빠뜨리는 잘못을 범해서는 안 될 것이다.

(5) 명상태교를 위한 시간

어느 때든지 명상을 하는 것은 좋은 일이다. 하지만 이왕이면 좋은 시간대에 명상을 하면 그만큼 더 좋은 효과를 얻을 수 있을 것이다. 하루 중에 명상에 가장 좋은 시간은 이른 새벽이라고 할 수 있다. 이른 새벽(약 3시부터 7시까지)에는 기(氣)가 가장 깨끗하고 세상만물의 정서가 안정돼 있기 때문이다. 그래서 지금도 산사에 가면 3시면 모두 일어나서 예불을 한다.

집에서도 이렇게 이른 새벽을 택해서 명상을 한다면 집중도 잘 되고, 몸과 마음이 더욱 맑아져서 하루 전체가 편안해질 수 있다. 아침 일찍 명상을 하기 위해서는 일찍 자고 일찍 일어나는 규칙적인 생활습관부터 길러야 할 것이다.

그런데 가족들 뒷바라지를 해야 할 가정주부들은 이른 새벽에 명상을 하기가 쉽지는 않을 것이다. 그러면 가족들이 모두 나간 후에 될 수 있는 대로 오전에 집안을 정리해놓고 시간을 정해서 명상하는 습관을 처음부터 잡아가는 것이 좋다.

직장인들은 남들보다 조금 더 일찍 일어나 출근하기 전에 15분씩만 앉았다가 회사에 출근을 하면 하루 일의 능률이 오를 것이다. 집중력·기억력·인내력이 향상되고 창의력이 발달되어 성공의 길도 열릴 것이다. 또한, 많은 직장인들은 저녁에서 밤 사이, 또는 잠자리에 들기 전에 명상을 해도 좋지만 저녁에는 피로

하거나 과식을 했거나 음주를 하는 경우가 많아서 소홀해지기가
쉽다. 무엇보다 어느 시간이든 매일 명상을 실천하는 습관이 가
장 중요한 일이다.

명상시간은 처음부터 무리하지 않고 15분에서 30분씩 매일 명
상을 하는 습관이 중요하다. 매일 하다보면 자연스럽게 자신의
명상시간이 점점 늘고, 시간에 구애를 받지 않는 수준까지 이른
다. 이른 아침에 명상을 했더라도 다시 한번 잠자리에 들기 전에
명상을 하는 습관은 더욱 효과적이다. 하루의 생활, 마음을 가라
앉히면 다음날 명상에 큰 도움이 되기 때문이다.

명상태교 실천

(6) 명상태교를 위한 지도

명상에서 가장 중요한 부분은 처음 명상을 시작할 때 누구에
게 지도를 받느냐일 것이다. 요즘 명상의 기능적인 측면만 강조
해서 사람 마음을 혹하게 만드는 단기간 명상체험이 유행한다.
그런 명상지도를 받기 전에는 신중하게 고려해야 할 것이다. 만
약 잘못될 경우 정신장애까지 일으킬 위험이 있기 때문이다. 또
한 어떤 곳에서는 명상에 지나친 노력과 시간을 요구하는 명상
센터가 있는데, 처음부터 명상을 너무 어렵게 하게 되면 명상을
생활화하기 쉽지 않기 때문에 바람직하지 않다고 본다.

그래서 명상지도는 상술과는 거리가 먼 명상지도자나 덕망 높

은 선지식들(스님·신부님 등)에게 조금씩 배워나가는 것이 좋다.

명상지도는 굳이 매일 받을 필요는 없다. 집에서 혼자서 실천하면서 일주일에 한두 번 정도만 궁금한 점을 풀기 위하여 지도를 받는 정도가 적당하며, 개인차는 있겠지만 6개월 정도가 지나면 한 달에 1~2번 정도가 적당하며 2~3년이 지나면 지도자 없이도 혼자 할 수 있는 힘이 생긴다. 그러나 명상을 할 때는 반드시 선지식을 정해 놓고 하는 것이 사된 길로 빠지지 않는 방법이다. 그리고 명상을 할 때는 서로 이야기를 나눌 수 있는 도반이 있는 것이 매우 도움이 된다.

명상태교 실천
(7) 명상태교의 바른 자세

앉기 전 자세
① 명상을 할 장소를 되도록 정리
　정돈을 하여 눈에 걸리적거리
　는 것이 없도록 정돈한다.

② 얼굴과 손을 닦고, 양치질을 하고, 화장실에 다녀와서 마음가짐을 바로 한다.

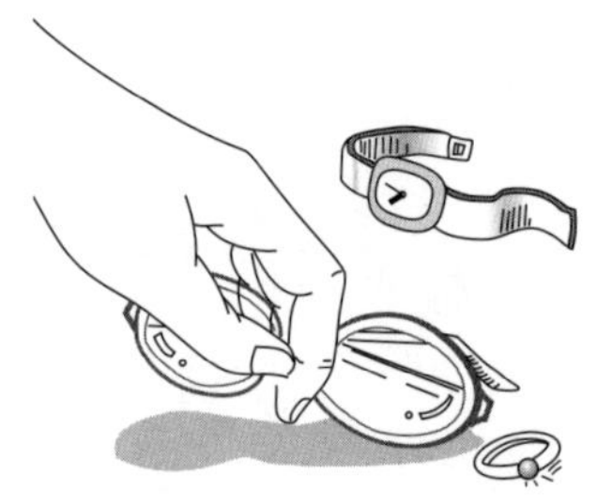

③ 안경이나 액세서리(머리끈 포함)는 착용하지 말고, 몸을 조이는 옷이나 벨트 착용도 피한다.

④ 5분 정도 몸을 조용히, 천천히 움직여서(스트레칭) 근육을 이완시켜준다.

명상으로 하는 태교와 육아

⑤ 조용하게 천천히 가슴을 펴면서 심호흡을 10회 정도 해준다. 아주 조용하게, 가늘게, 길게 하는 것이 몸과 마음의 힘을 빼는 데 도움이 된다. 호흡을 할 때에 머리로 생각하지 말고 온 몸으로, 즉 8만 4천의 땀구멍으로 하는 듯한 마음으로 한다. 몸과 마음에 힘이 빠졌을 때에 아주 편한 마음으로 호흡이 되었을 때가 가장 좋은 자연호흡법이 된다는 것을 잊어서는 안 된다.

⑥ 조용히 앉는다.

앉는 자세

① 방석 위에 앉은 다음, 방석에서 엉덩이가 닿는 부분을 약간 높게 만들기 위해 방석을 하나 덧대든지 접는다. (현대인들은 의자에 앉아서 생활하는 습관이

명상태교의 실천

있기 때문에 다리를 접 방바닥에 오래 앉아 있는 것이 쉽지 않다. 그래서 엉덩이 부분을 약간 높게 해주면 다리와 허리에 힘이 조금 덜 들어간다)

② 다리는 결가부좌나 반가부좌를 하는 것이 좋으나 임산부들의 경우 배가 불러서 힘들 경우에는 가벼운 책상다리로 앉는다.

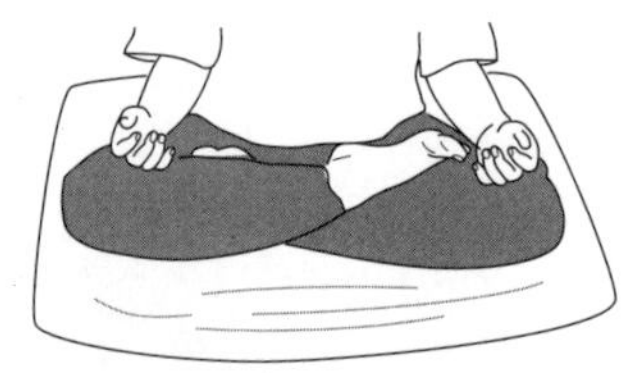

③ 등은 백회혈(머리를 위에서 봤을 때, 가장 중심점이 되는 지점으로 아기 때는 뼈가 없어서 말랑말랑한 부분의 한가운데)과 회음혈(항문과 음부 사이의 가운데)이 일자로 통하도록 곧게 세운다.(세운 모양이 대나무를 등에 받쳤을 때 똑바른 상태)

명상으로 하는 태교와 육아

④ 앞페이지 ②의 상태에서 몸에 힘을 빼서 편안한 상태를 취한다.(평소 자세가 나쁜 사람들은 처음에는 조금 힘들더라도 호흡이 잘될 수 있도록 자세를 바로 고정하는 습관을 들인다)

⑤ 손은 손바닥을 위로 하고, 손가락에서 힘을 빼고 무릎 위에 가볍게 올려놓거나, 가운데 모아서 오른손을 밑으로, 왼손을 위로 한 후 양 엄지손가락을 살짝 맞붙인다. 이 손을 아랫배에 붙이면서 손 모양은 위가 뾰족하게 하면서 안에 여의주를 갖고 있는 듯한 기분으로 한다.

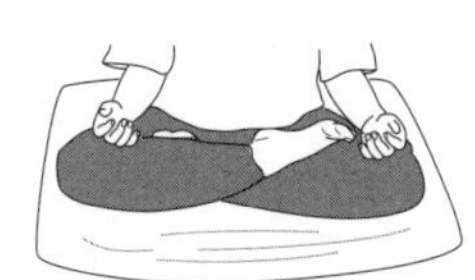

⑥ 눈은 완전히 감거나 반개를 하는데, 반개의 경우 시선은 방바닥의 1m 정도 전방을 바라본다. 눈을 완전히 감았을 때 자기 눈동자에 정신을 집중시킨다. 반개를 했을 때는

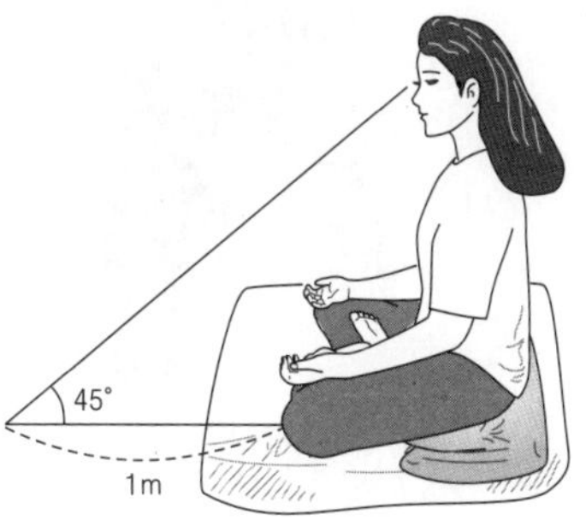

명상태교의 실천

눈동자는 한 곳만 보면서 집중
을 한다.
그러나 초보자들은 될 수 있는
대로 눈을 완전히 감는 것이
집중하기에 좋다.

⑦ 턱은 안으로 조금만 잡아당기
는 느낌으로 고정시킨다. 머리
의 뒷부분으로 가볍게 우주를
떠받치는 기분으로 하면 자연
스럽게 턱이 안으로 들어간다.

⑧ 입은 꾹 다물지 말고, 가볍게
입술을 붙이고, 혀는 끝부분을
윗니와 입천장 경계선에 가볍
게 붙인다. 이것은 입에 침이
고이지 않게 하기 위한 방법이
기도 하고 호흡하기 쉽게 하기
위해서이다.

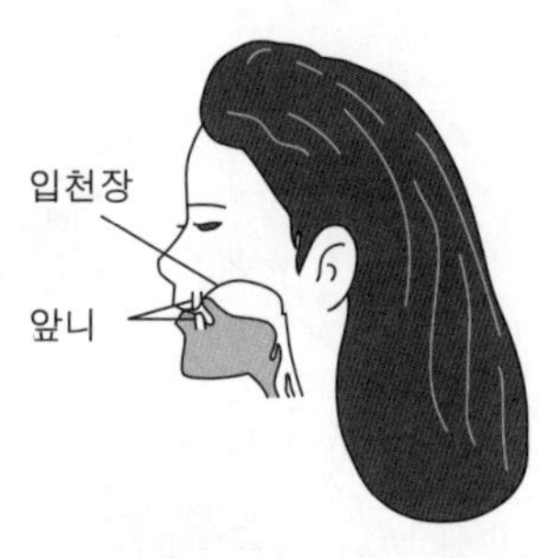

명상으로 하는 태교와 육아

(8) 몸에서 힘 빼기

이번에는 몸과 마음에서 힘 빼기이지만 명상의 자세에서 제일 중요한 것은 우리들의 몸과 마음에 무의식적으로 들어가 있는 힘을 빼는 것이다. 우선 몸에서 힘을 빼고 명상을 하면 자연스럽게 마음에서도 힘이 빠진다. 누구나가 살아있다는 것은 몸과 마음에 힘이 들어가 있다는 것인데 자신도 모르게 습관적으로 들어가 있는 힘을 뺀다는 것은 쉬운 일은 아니지만 잘 관찰해서 힘을 빼면 몸과 마음이 건강해진다.

오랫동안 같은 곳에 힘이 들어가 있으면 그곳에서부터 혈관이 긴장하고 수축해서 혈액순환이 안 되기 때문에 병이 생기기 시작한다. 명상을 통해서 몸에서 의식적으로도 무의식적으로도 힘을 빼는 작업은 명상의 가장 중요한 부분이기 때문에 시간이 걸려도 매일 조금씩 연습을 하는 것이 좋다.

임산부에게는 힘을 뺀다는 것이 더욱더 중요하다. 배에 힘이 들어가 있으면 태반이 딱딱해지고 태아가 움직이기 힘이 들며 고통스러워진다. 정신적으로 긴장, 스트레스가 쌓이면 배가 딱딱해져 태아에게 산소공급이 어려워지는데 이것은 산모나 태아에게 상당히 좋지 못하며, 유산이나 조산의 원인이 된다. 힘 빼기만 완벽하게 된다면 명상을 하면서 몸과 마음이 아주 자유스러워지는 것을 알 수가 있다.

1) 힘 뺄 준비

눈동자에 마음을 가져간다. 그리고 눈을 떴다고 생각하면서 눈동자로 내 몸을 머리부터 발끝까지 차례로 겉과 속을 훑어 내릴 준비를 한다. 처음에는 이렇게 눈동자에 마음을 가져 가지만 오랫동안 명상을 하게 되면 마음의 눈이 생긴다. 이것을 심안(心眼)이라고 하고 또는 지혜의 눈이라고도 한다.

2) 머리는 윗부분부터 적당하게 등분을 해서 마치 등분별로 CT 단층촬영을 하듯이 아래로 내려가면서 힘을 뺀다. (이마 → 눈썹 → 미간 → 눈꺼풀 → 눈동자 → 코 → 뺨 → 인중 → 입술 → 귀 → 턱 → 양쪽 귀밑)

우리들은 탁한 물속에 머리 위까지 담그고 있는 듯한 인생을 살고 있다. 그래서 눈을 떠도 보이지 않고 숨을 쉬어도 가슴은 답답하며 머리는 항상 짓누르는 것같이 복잡한 것이다. 이러한 물속에서 나오는 듯한 기분으로 몸에서 힘을 빼면 마음에서도 힘이 빠지기 시작한다.

몸에서 힘을 뺄 때는 물 속에 잠겨 있던 내 몸이 아주 천천히 조금씩 물 위로 떠오른다고 생각한다. 그리고 눈이 물 위로 떠올랐다고 생각될 때는 마치 눈을 떠서 눈앞이 환해지는 것처럼 느끼게 될 것이다. 이렇게 되기까지는 사람마다 차이는 있겠지만 적어도 몇 개월은 명상을 하루도 빠짐없이 실천해야 한다.

이 상태가 이루어진 후부터는 몸 전체에서 힘이 빠지고 몸과 마음이 공중에 뜬 것처럼 아주 편한 상태가 된다.

3) 몸·어깨·등뼈에서 천천히 힘을 뺀다

몸·어깨·등뼈는 우리 몸에서 스트레스가 뭉쳐져 가장 힘이 많이 들어가 있는 부위로, 대부분 현대인의 병들이 이 부분에서 시작된다.

명상을 시작할 때 대부분의 사람들은 어깨에 힘이 들어가는데 이렇게 하면 명상을 오랫동안 하지 못하게 된다. 어깨와 등에서 힘을 뺀다는 것은 중요하다.

또한 이 부분이 물 위로 떠오르기가 가장 힘들다. 하지만 일단 눈이 물 위로 떠오른 후 지속적으로 어깨·등뼈에서 힘을 빼게 되면 그 다음은 아주 쉽게 힘이 빠져 마음이 우주의 위로 올라가는 듯한 가벼움을 느낄 수 있을 것이다. 마치 엄마의 뱃속에서 빠져나올 때 머리·어깨까지 나오기가 힘들지만 거기까지 나오면 쑤욱 빠져나오는 듯한 느낌으로 별안간 편해짐을 느낄 수 있다.

4) 가슴에서 힘을 뺀다

현대인들은 등이 굽어서 가슴이 저절로 움츠러 들어있다. 그러다 보니 자신도 모르게 마음도 억눌려서 작은 스트레스 하나에도 쉽게 지치게 된다.

등을 펴면서 가슴에 힘을 빼면 기분이 시원해지면서 호흡 또한 편안해진다. 이 상태까지 오면 몸에서 힘이 상당히 많이 빠져 마음이 무척 조용해짐을 느끼게 된다.

5) 허리에서 힘을 뺀다

등뼈가 굽으면 굽을수록 허리에 부가되는 힘이 커지는데, 요즘에는 젊은 사람들 중에서도 허리가 아픈 사람들이 점점 늘어나고 있는 추세다. 허리에서 힘을 빼면 등뼈 전체가 편안해지면서 가슴 전체가 활짝 열리는 느낌을 받는다.

여기까지 힘을 빼면 머리가 맑아지면서 집중력이 생기며 눈앞이 환해지는 것을 느낄 수 있다.

6) 배에서 힘을 뺀다

허리에서 힘을 빼면 배에서 힘이 빠지면서 복식호흡으로 저절로 이어진다.

7) 배까지 힘을 뺀 다음 지금까지 힘을 뺐던 상체를 하나 하나씩 다시 한번 관찰한다

이 상태에서는 상체가 아주 가벼워져서 물 위로 떠올라 수면 위를 유유히 떠다니는 것처럼 아주 홀가분함을 느끼게 된다.

8) 허벅지에서 무릎 · 종아리 · 발목 · 발등 · 발바닥 · 발가락 순서로 천천히 힘을 빼 간다

몸에서 힘을 빼는 과정에서 무엇보다 중요한 것은 다리가 저리거나 가렵거나 아프더라도 몸을 움직이지 않도록 노력해야 한다. 왜냐하면 힘을 빼다가 몸을 움직이면 정신도 흐트러져 집중력이 떨어지기 때문이다.

만약에 그런 상태가 오면 오히려 그 상태에 온 정신을 집중시

명상으로 하는 태교와 육아

켜 참고 견디면 몸의 상태에서 마음이 분리되어 그 상태에서 끄
달리지 않고 쉽게 벗어날 수가 있다.

명상태교 실천

(9) 명상태교의 호흡

명상을 위한 호흡의 방법은 여러 가지로 알려져 있고, 여러 명
상방법에 있어 호흡을 무척 중요하게 생각한다.

하지만 호흡이 중요하긴 해도 명상에 있어 호흡 그 자체가 목
적이 되어서는 안 된다. 처음 명상을 시작한 사람들이 호흡에 너
무 집착하게 되면 자칫 잘못하다가 몸과 정신에 이상이 생길 수
있다.

주변에서 명상호흡을 잘못하여 피가 머리 위로 몰리게[上氣]
되어, 골치가 아프거나 속이 메스꺼워지는 증세에 시달리게 되
는 경우도 많다.

처음 명상태교를 하는 사람들은 평소대로 자연스럽게 들숨 날
숨을 쉬면 된다.

다만, 들숨을 들이쉴 때는 이 세상에서 가장 깨끗한 공기를 들
이마신다는 생각으로 온몸에 새로운 기운을 넣고, 날숨을 내쉴
때는 몸 안에 있는 오장육부의 탁한 기와 감정의 찌꺼기가 만들
어낸 탁한 마음과 더러운 기운을 내뿜는다는 생각으로 호흡을
한다. 호흡의 방법이나 이론에 매달려 오히려 호흡으로 인한 명

상의 장애를 얻는 경우에 주의를 하지 않으면 안 된다. 몸과 마음에서 힘을 빼면 저절로 호흡은 편하게 된다는 것을 명심해야 한다. 특히 임산부의 호흡법은 아주 중요하다. 무리한 호흡은 태아의 뇌에 충격을 줄 수 있다.

임산부들이 호흡에 너무 매달리다보면 태아에게 자연스럽지 않은 호흡을 강요하게 되어 임산부 자신은 물론 태아에게도 나쁜 영향을 준다. 호흡은 인위적으로 조작하는 것보다 무엇보다도 자연스러워야 한다.

이렇게 호흡에 얽매이지 않고 몸과 마음에서 힘을 빼서 편안해지면, 호흡도 편안해지므로 특별히 의도하지 않아도 자연스럽게 복식호흡을 하게 된다.

호흡을 할 때는 머리로 생각하지 말로 온 몸으로, 즉 8만 4천의 땀구멍으로 하는 듯한 마음으로 한다. 몸과 마음에서 힘이 빠져 아주 편한 마음으로 호흡이 될 때가 가장 좋은 자연호흡법이 된다.

아기가 갓 태어나면 아주 자연스럽게 복식호흡을 하고 있는 것을 발견하게 되는데, 그만큼 복식호흡은 인간이 가장 자연에 가까워져서 순수하고, 편안한 상태에서 하게 되는 호흡방법이다.

따라서 명상을 실천하면서 몸과 마음이 맑고 깨끗해지면 복식호흡으로 돌아가게 되는 것이다.

어머니를 떠올리자!

명상을 하면서 자신이 떠올릴 수 있는 가장 어렸을 때의 일을 기억해내면 평상시에는 도저히 상상할 수 없었던 여러 가지 일들이 떠오를 것이고, 깊은 잠재의식 속에 묻혀 있었던 기억들이 구체적인 영상이 되어 눈앞에 다가온다. 그런데 바로 그러한 기억들 속에는 반드시 어머니와 관련된 장면들이 자주 등장하게 된다.

어머니는 생명의 근원이며, 한 인간이 이 세상에 태어나서 가장 처음 인간관계를 맺게 되는 사람이다. 그렇기 때문에 어머니와 자신과의 관계 속에는 지금까지 자신의 성격 · 습관 · 생각 · 행동들이 어떻게 형성돼 왔는지 그 근원이 숨어있게 마련이다.

어머니를 떠올리면서 자신에 대한 기억을 되살리다보면 현재 '나'를 이루고 있는 고정관념들이 어디에서 비롯됐는지 알 수 있고, 지금까지 살아오는 동안 마음에 세상의 때가 묻고 덧붙여지면서 바로 지금의 '나'를 이루는 말 · 행동 · 생각 · 가치관이 형성됐는지 깨닫게 된다.

이렇게 어머니를 떠올리며 명상을 해보세요!

먼저, 눈을 감고 호흡을 가다듬은 다음 마음을 편하게 한 상태에서 가부좌(평좌)로 앉습니다.

내 눈에 마음을 집중시켜보세요. 그리고 몸에서 힘을 빼고, 마음에서 힘을 빼세요.

이제 내 몸과 마음을 향해 이야기를 해보세요.

내가 기억할 수 있는 가장 어린 나이의 나의 세계로 여행을 떠나보세요. 아마도 그곳에는 어머니가 함께 계실 거예요.

그곳에 계신 어머니의 얼굴을 놓치지 마시고, 눈앞에서 그려보세요. 마음이 흐트러지지 않도록 어머니가 계신 그곳에 집중하세요!

그때가 몇 살인가요?

젖 먹을 때인가요, 아니면 3살 정도 됐나요?

어떤 사람들은 다섯 살일 수도 있겠군요.

그곳에서 나는 어떤 감정과 기분인가요?

나의 감정과 기분을 놓치지 말고 잘 살펴보세요.

나에게는 어떠한 습관이 있나요. 몸가짐에도 습관이 있듯이 생각에도 습관이 있고, 마음에도 습관이 있는데 이러한 것이 업입니다. 내 몸의 습관, 생각의 습관, 마음의 습관은 어떠한지 잘 살펴보세요.

감정을 정리해야 우리 마음을 정리할 수 있습니다. 버릴 것은 과감히 버리세요!

명상으로 하는 태교와 육아

자, 이렇게 어머니가 있는 그 기억 속으로 들어가 내 감정의 찌꺼기들을 버리도록 하세요!

태교와 소리 (1)

소리라는 것은 파동의 현상인데, 우리의 청각으로 들을 수 있는 파동이 있고, 들을 수 없는 파동이 있다. 실은 들을 수 없는 파동이 이 우주에는 더 많은데, 그 중에서 가장 중요한 것은 '마음의 소리' 다.

흔히 시간과 공간을 초월하는 텔레파시를 얘기하는데, 바로 텔레파시가 마음의 소리다. 좋은 마음, 편안한 마음, 안정된 마음은 조용한 움직임의 파동을 생성하고, 화난 마음, 흥분한 마음, 불안한 마음은 격렬하고 거친 움직임의 파동을 생성한다.

이러한 여러 가지 파동은 대뇌를 자극함으로써 시상하부와 자율신경을 진동하고 우리 몸의 혈액순환과 오장육부에까지 전달이 된다.

임산부의 경우에 이 파동들, 즉 마음의 소리가 더욱 직접적으로 태아에게 전달되는 것은 너무나 당연한 사실이다. 엄마의 마음의 소리가 조용한가, 아니면 시끄러운가, 부드러운가, 아니면 거친가…… 이런 모든 파동이 태아의 뇌세포 분열과 성장에 결정적인 역할을 하는 것이다. 그래서 임산부들은 마음이 중요하다. 엄마의 마음은 파동을 통해서 태아에게 속일 수 없는 소리로 전달되기 때문이며, 빛보다 더 빠른 속도로 태아의 세포에 입력되기 때문이다.

명상 태교의 실천

무의식에 쌓인 감정까지 모두 털어 내자

어머니를 떠올리는 명상을 하면서 가장 중요하게 기억해둬야 할 점이 있다. 그것은 기억을 하나씩 떠올리면서 그 속에 존재하는 감정들을 모두 털어내야 한다는 것이다.

슬펐고, 서운했던 감정, 설움이 복받치는 기분, 반대로 너무 기뻐서 아무것도 부러울 것이 없던 기분, 의기양양해진 만족감 등 좋은 감정이든, 싫은 감정이든 모두 털어내버려야 한다.

현재의 마음은 바로 내 과거의 감정들이 뭉쳐진 것들이다. 과거에 했던 행동·말 그로 인해 겪었던 감정들이 잠재 의식 속에 쌓이고 또 쌓여서 지금의 내 마음을 만든 것이다. 그래서 과거의 기억들에서 벗어나고 그 속의 감정들을 떼어낸다는 것은 현재의 내 마음을 수정하는 일이라고 할 수 있다.

내 과거에 박혀 있던 가시 같은 인자들을 뽑아내어 다시 순수한 나로 회귀하는 것이다. 어머니를 떠올리는 명상은 어디에 가시가 박혔는지 확인하는 작업이고, 그동안 자신의 무의식에 상처를 내온 가시들을 하나씩 뽑아내는 작업인 것이다.

임산부들은 이렇게 어머니를 떠올려 예전의 기억들과 만난 후에 명상에서 깨어나면, 무겁던 몸과 마음이 홀가분해지고, 스트레스나 피로감으로부터 많이 벗어나 있음을 경험할 수 있을 것이다.

한편으로 어머니를 떠올리는 명상은 앞으로 어머니가 될 임산부에게 또 다른 측면의 의미가 있다.

자신의 잠재의식 속에 남아있는 어머니상은 곧 현재 자신이 어떤 어머니가 될 것인가를 가늠하게 하는 결정적인 단서라고 할 수 있다. 명상을 통해 어머니에 대해 좋았던 점, 나빴던 점을 기억해내면서 어떤 모습이 가장 자비롭고, 사랑스런 어머니인가를 스스로 배우고 깨달을 수 있게 될 것이다.

어머니를 떠올리면서 명상을 하고 난 후에는 똑같은 방식으로 아버지, 형제들, 남편, 시집식구들, 친구들, 이렇게 내 주변에 있는 사람들을 떠올리면서 명상을 하는 시간도 필요하다.

이러한 연속된 과정을 거치다보면 그 동안의 나에 관한 기억들과 감정들로부터 점점 자유로워짐을 경험할 수 있을 것이다.

마음속으로 어머니에 관해 이런 것들을 떠올려보세요

갑자기 비가 오던 날, 우산이 없어 걱정했는데 어머니가 교문 앞에서 계시던 기억…….

슬프거나 외로울 때, 어머니가 꼭 감싸 안아주시면 이내 포근하고 안심이 됐던 기억…….

내가 아플 때, 십리 길도 마다하지 않고 약을 사다주시던 어머니…….

명상태교의 실천

내가 먹고 싶은 것이 있다고 하면, 밤늦게라도 해주시던 어머
니…….

이런 어머니의 기억을 하면 삭막해졌던 내 마음도 다시 따뜻해
질 겁니다.

혹시, 어머니가 혼자 울고 계시면 왜 우시는지, 그때 나의 기분은
어땠는지 생각하고, 털어버리세요.

어머니가 나보다는 직장 일에 더 신경을 써서 섭섭했던 일이 있
었다면 그 섭섭함도 털어버리세요.

공부를 잘 못한다고, 머리가 나쁘다고 꾸지람을 하셨다면 그때
느꼈던 무안함, 열등감도 다 털어버리세요.

떠오르는 모든 감정들을 명상을 하면서 다 털어버리세요. 이렇게
해서 아주 세세하게 나의 성격·습관·행위·마음들을 관찰하고,
또 관찰하는 것부터 해야 나를 알 수 있는 겁니다.

또한 이러한 것들이 어디에서 왔나, 언제부터 시작되었나, 그리고
이러한 마음은 무엇인가를 철저히 분석하는 것이 중요한 겁니다.
이렇게 해서 우선 알고 이해가 되고 납득이 가면 모든 것은 흐르는
물처럼 조용해지고 자연스러워지는 것이죠. 그러한 마음은 무심이
될 수 있는 겁니다.

나는 흐르는 강에 떠 있는 나뭇잎이다.

큰 흐름에 흘러가듯 편안히 가자.

때로는 돌에 걸리고 때로는 나뭇가지에 걸리고

때로는 급한 물살에 뒤집어도 지겠지만

큰 흐름에 조용히 나를 맡겨보자.

그러면 언젠가는 큰 호수에 도착하겠지.

때로는 걸리고 찢기어도 잎사귀는 잎사귀인 것을

강물의 흐름에 어찌 거슬러 올라갈 수 있겠는가.

걸린다고 허우적거리지 말고, 애써 흐르려고 하지도 말고,

걸리면 걸리는 대로 흐르면 흐르는 대로 맡겨두세요.

그러다 보면 어느새 호수에 도착하여 있겠지.

―《흰 연꽃 피는 소리》(저자의 명상집) 중에서―

명상태교의 실천

참 나를 찾기 위한 자아반성을 하자

어머니·아버지, 그 외 주변 사람들을 떠올리면서 참회와 반성을 하다보면 바로 '나' 라는 존재와 직면하게 된다.

어떤 현상의 인과를 살필 때, 반드시 밝혀야 할 것이 바로 '나'에 관한 문제다. 나를 객관적으로 보지 못하면서 태아를 위해서 참회하고 감사하는 일은 궁극적인 태아명상이라고 할 수 없다.

그렇다면 도대체 '나' 란 무엇일까. 우리는 나를 가리켜 '자아(自我)' 라는 표현을 많이 쓴다. 자아를 구성하는 요인은 선천적 요인이든, 후천적 요인이든 무수히 많다.

성별이나 나이·두뇌는 어떻고, 인종이나 생김새·목소리와 신체조건 등 무수히 많은 선천적인 요인에다 이름은 무엇이고, 직업과 돈벌이는 어떠하고, 교육은 어느 정도 받았는지 등 무수히 많은 후천적인 요인이 '자아' 를 형성하는데 기초를 제공한다.

이렇게 한 인간으로, 한 가족구성원으로, 한 사회구성원으로 존재하다보니 '자아' 는 엄밀히 따져서 구속을 많이 받고, 수많은 고정관념으로 뭉쳐져 있다. 그러한 인생의 조건, 굴레는 어김없이 고통을 주게 마련이다.

선천적·후천적 결정요인에 결박당한 '자아' 는 자기 자신을 구속할 뿐만 아니라 자기와 연결된 인연들도 자식 방식대로 구속하고 고통을 주고받는다. 그러면서도 그러한 사실을 너무나 습관적으로 당연시 여긴다. 결국 이러한 것들이 모두 자기의 업이 되어 돌아오게 되는 것을 미처 깨닫지 못하고 말이다.

명상을 하면 이러한 인연의 조건과 굴레·고통으로부터 해방될 수 있다. 고정된 '자아'로부터 한 걸음 물러나 자유로운 마음으로 살아갈 수 있기 때문이다. 우리가 굳게 믿어왔던 '자아'는 사막의 신기루처럼 허상에 불과하다. 이러한 진실은 명상을 하면 자연스럽게 깨닫게 된다.

명상을 통해 자아를 객관적으로 관찰하고 반성하여 그것이 허망하다는 사실을 깨닫는 순간부터 우리는 '참 나'로 가는 길로 들어서는 것이다.

나를 자유롭게 놓아주는 연습

이제껏 내 마음속에서 나를 괴롭히는 마음들은 바로 내가 만들었던 것입니다. 나의 마음을 다시 한번 생각해보세요.

지금 '나'라는 것이 이름을 가리키는 건가요, 아니면 성별인가요, 나이인가요, 아니면 직업인가요.

지금 '나'라고 불리는 것은 무엇인가요?

명상태교의 실천

'나' 라고 불리는 것에 집중을 해보세요. 집중을 해서 보면, 그것에 무겁게 매달려 있는 것들이 너무나 많습니다.

누구의 자식, 누구의 부모, 누구의 아내, 누구의 남편, 누구의 친구, 누구의 제자, 누구의 부하직원…….

하지만 그것들 어느 것도 진짜 나는 아닙니다. 단지 여러 가지 인연에 의해 결정되어진 것들입니다.

이번에는 '나' 라고 여겨지는 것들로부터 한 번 벗어나보세요. 자꾸 벗어나보세요. 벗어나서 바라보면 마음이 한결 가볍고 자유로워질 거예요. 그것이 바로 참 나의 시작입니다.

자투리 태교상식

태교와 소리(2)

임신 전반기에 태아는 엄마의 심장소리와 소화기관이나 내장의 소리를 주로 듣는다. 임신 후반기, 즉 약 5개월 이후는 뇌의 발달과 함께 외부에서 들리는 소리의 종류와 소리의 강약, 소리의 고저(高低)를 구분할 수 있게 된다.

태아가 외부소리 중에서 가장 좋아하는 소리는 엄마의 목소리다. 엄마의 목소리를 들을 때마다 태아는 가장 편안하고 안정감을 느끼기 때문이다.

엄마의 목소리 외에 태아에게 좋은 외부소리는 자연의 소리이고, 오케스트라 협주가 가장 자연의 소리에 가까운 음악이라는 점에서 클래식 음악도 좋다. 엄마의 목소리로 염불을 하거나 기도문을 외운다면 태아에게도 기도하는 마음이 될 것이고, 엄마가 명상을 하면 이것이 태아명상이 되는 것이다. 왜냐하면 엄마의 마음이 곧 태아의 마음의 거울이 되기 때문이다.

명상으로 하는 태교와 육아

반성하면 감사하는 마음이 떠오른다(반성명상 · 감사명상)

우리 속담에 '콩 심은데 콩 나고, 팥 심은데 팥 난다' 라는 말이 있다. 또, 성인 예수는 '누구든 씨를 뿌리면 뿌린 대로 거두리라' 했고, 부처님도 '모든 현상에는 원인이 있어 결과가 있다' 는 인과론을 설하셨다.

명상을 하다보면 이러한 말씀들이 정말 가슴으로 와 닿는다. 내가 걸어온 삶은 이생이든, 전생이든, 미래생이든, 모두 나에게서 비롯되는 것이며, 그것에 대한 기록이 바로 카르마(업)라는 것을 이미 말했었다.

카르마를 녹여 없앨 수 있는 힘은 철저한 자기반성, 즉 참회에서 온다. 참회는 그동안 카르마에 의해 척박해진 마음의 대지를 다시 비옥하게 만드는 일이다. 비옥한 땅에서 씨가 아주 잘 자라듯이, 참회를 통해 비옥해진 마음에서 좋은 2세가 자랄 수 있다.

참회를 하게 되면 곧이어 저절로 감사의 마음이 우러나온다. 모든 인연에 감사하는 마음이 생기는 것이다. 이것이 바로 명상이 주는 힘이다.

나는 행복의 밑그림은 참회와 감사라고 생각한다. 이러한 참회와 감사가 밑바탕이 되지 않는다면 우리는 원(願)을 세울 수가 없다.

어떻게 척박하고 더럽혀진 땅에서 새로운 꽃이 피고, 열매 맺기를 바랄 수 있나, 그렇듯이 참회와 감사로 마음의 바탕이 되지 않은 상태에서 아무리 원을 세운다고 해도 그 원이 이루어질 수 없는 것이다. 원이란 자신의 마음상태가 가장 맑고 밝고 지혜로운 상태에서 이루어질 수 있기 때문이다.

지금 뱃속에서 꿈틀대는 태아도 자기 자신이 쌓아온 업과 인연에 의해 오게 된 것이다. 내 업을 맑히는 참회와 감사를 하지 않는다면 태아에 대한 원을 세울 수 없고, 아무리 간절히 원해도 그 원은 이루어질 수 없게 된다.

그렇기 때문에 태아명상을 하면서 그간 살아온 삶의 내용을 성찰하고, 자기 자신을 안으로 살피면서 참회와 감사를 해야 하는 것이다.

나 자신을 반성할 때 이런 일들을 떠올려보세요!

공연히 누군가를 두려워하고, 미워했던가.

지나치게 당황하거나 흥분하지 않았던가.

내가 나를 어쩌지 못했던 마음이 있었던가.

공연히 반감을 갖고, 질투하거나 반발심을 갖진 않았나.

남에게 눈물나게 했거나, 반대로 어떤 이 때문에 내가 울진 않았나.

훔치고 싶었던 마음, 죽이고 싶었던 마음, 음란했던 마음, 이런 마

명상으로 하는 태교와 육아

음들이 무의식중에 습관적이 되지는 않았나.

남을 험담하거나 속였던 일, 남을 업신여겼던 일, 비꼬았던 일, 괜히 트집잡은 일이 있었는가.

이러한 일들 중 아주 작은 일이었더라도 반드시 참회하고, 그 마음의 대상이었던 사람에 대해서 감사한 마음으로 돌이키려고 노력하세요. 아무리 대상이 악한 사람이었다고 해도 그 사람 때문에 내가 참회할 기회를 한 번 더 가질 수 있는 것에 대해서 감사하면 좋겠죠!

자투리 태교상식

21세기는 EQ태교가 중요!

'IQ는 취직을 보장하나 EQ는 승진을 보장한다.' —타임지—
'인생의 성공에서 20%는 IQ에, 80%는 EQ에 달려있다.' —다니엘 골먼—

21세기는 정신의 시대! EQ가 높은 사람이 사회를 리더할 것이라고 말한다.
명상을 하면 마음의 때를 씻을 수 있어서 심성이 좋아지고, 두뇌에 산소를 풍부하게 공급함으로써 양쪽의 뇌, 즉 좌뇌·우뇌가 모두 좋아지며, 인내력이 길러지고, 집중력이 향상된다. 임산부가 명상을 한다면 태아도 명상을 하게 된다. 따라서 좌뇌의 IQ, 우뇌의 EQ가 균형있게 이루어져 21세기 리더가 될 수 있을 것! 균형이 깨진 좌뇌·우뇌는 성격형성에도 지장을 주게 된다.
현대인은 좌뇌만 발달되고 우뇌의 발달이 떨어지고 있어 모성애나 열정적인 사랑을 못하는 청소년이 늘고 있다는 미국 대학의 논문도 발표되고 있다.

태담하기

육체와 육체의 만남도 중요하지만 영혼과 영혼의 만남이 더욱 더 중요하다. 이 태담이라는 것이 이러한 만남이 아닌가 한다.

태담이란 말 그대로 태아와 이야기를 나누는 것이다.

그런데 많은 사람들이 착각하고 있는 점이 있다. 태담이란 '부모가 아기에게 일방적으로 들려주는 것'이라고 생각하는 것이 바로 그 점인데 태담은 분명히 일방적인 것이 아니라 쌍방으로 이루어져야 한다.

태아에게도 의식이 있고 자기의 의사가 있는 하나의 인격체이기 때문에 영혼과 영혼의 대화가 이루어질 수가 있는 것이다. 또한 태아 때의 이러한 부모와 마음의 연결은 일생을 통해서 이어갈 수가 있는 것이다.

태아에게도 의식이 있다고 말했는데 한 산부인과 의사가 이러한 실험을 한 적이 있다.

양수에 단맛 쓴맛을 넣어서 태아의 반응을 보았는데 이때 태아는 단맛은 많이 마시고 쓴맛은 이맛살을 찌푸리고 안 마셨다고 한다. 이만큼 태아에게도 감정이 있고 감각이 있고 의식이 있다는 것을 말해준다.

세계적인 회사 소니의 창시자 이후카 다이(井深大) 씨는 1969년 유아개발협회를 설립해 유아와 어떻게 커뮤니케이션을 하면 그 아이가 갖고 있는 잠재능력을 개발시킬 수 있는가를 테마로 연구를 계속해 왔다.

그 결과 얻은 대답은 태아로 있을 때부터 모친과 커뮤니케이션을 갖는 것이라는 것이다. 물론 당시도 태교(태아에게 좋은 영양을 줄 수 있도록 임부의 마음과 행동을 반듯하게 하는 것)라는 사고가 있어 일부의 어머니들에게는 받아들여졌지만 일반적으로는 비과학적이라고 생각했다. 그러나 81년 캐나다의 토마스 바니 박사가 집필한 ≪태아는 알고 있다≫ 중에 태아는 이미 의식을 갖고 어머니의 마음과 어머니와의 대화에 의해 키워지고 있다라는 설을 뒷받침하는 학설이 나왔다.

그것은 어머니와 태아의 커뮤니케이션은 3개의 채널을 통해 대화를 주고받는다고 하는 것이다. 그 3개라는 것은 생리적 커뮤니케이션, 동작에 의한 커뮤니케이션, 공감에 의한 커뮤니케이션입니다.

커뮤니케이션이라는 뜻은 전달, 통로라는 의미가 있는데 인간과 인간의 의사전달은 반드시 말로만 하는 것이 아닙니다.

예를 들어서 우리들도 표정이나 행동이나 눈빛으로도 서로의 마음을 알 수 있듯이 얼마든지 말이 아닌 방법으로도 마음은 연결되는 것입니다. 그러니까 서로의 마음을 전달하는 모든 방법

명상태교의 실천

을 여기서는 커뮤니케이션이라고 한다.

　생리적 대화는 호르몬을 통해서 이루어지는데 이것은 어머니의 마음에 의해서 분비되는 호르몬의 종류가 틀려지는 것이기 때문에 이 호르몬에 의해서 태아와의 대화가 된다는 것이다. 어머니가 임신했어도 임부의 상태를 유지, 촉진시키는 호르몬의 분비를 재촉시키는 것은 태아이다. 그렇기 때문에 출산하는 것을 싫어하는 모친에게는 태아 자신이 성장을 촉진시키는 호르몬 분비를 끊는다고 한다.

　다시 말하면 모친이 태아의 존재를 축복하여 출산을 바라고 있다면 항상 태아는 협력한다는 것이다. 이렇게 하여 태아에게는 태아대로의 의사와 계획을 갖고 이 세상에 나오는 것인데 보통 부모는 그런 태아의 의사도 예정도 계획도 모르는 체 아기를 낳고 키우고 있다. 아기의 자신의 계획과 부모가 아이에 대한 기대와의 차이에서 많은 문제가 생기고는 한다. 이 차이가 크면 클수록에 부모 자식 사이에 메울 수 없는 벽이 생기는 것이다.

　동작에 의한 대화는 예를 들어서 일본에 계신 분인데 임신 4개월이 조금 지났을 때부터 이름을 붙여 말을 건네도록 했는데 이 아이는 뱃속을 걷어차는 대답을 하게 되었다고 한다. 엄마가 아이에게 '아빠가 돌아올 시간을 가르쳐 줘' 라고 부탁을 했더니 매일 가르쳐주게 되었다고 한다. 이러한 것은 글자 그대로 동작에 의한 대화이다. 여러분도 한번 시작을 해보십시오. 처음에는

명상으로 하는 태교와 육아

우연의 일치인가라고 생각했지만 이러한 태아의 능력은 태아에게 있다. 태아는 우리들보다도 영혼이 훨씬 맑기 때문에 알 수가 있는 것이다. 우리 보통사람도 식이 맑으면 시간과 공간을 초월하는 예지능력을 갖게 되는 것과 같은 것이다.

공감에 의한 대화는 꿈을 통해서 이루어지기도 하고 태몽 같은 것도 이러한 예라고 할 수가 있다. 실제로 있었던 일로 어떤 분이 아기를 배었을 때에 영화구경을 가서 좋은 영화를 보았는데 너무 좋았다고 했더니 그 딸이 '엄마 나 그 영화 엄마뱃속에서 나도 보았어' 라고 말을 해서 너무 감동적이어서 잊지 못할 정도로 놀랐다고 말하던 분이 계셨다고 하는데 이러한 일은 많이 있다. 이러한 불가사이한 일을 아이가 이야기를 할 때에 보통 부모는 아이의 말을 무시하고 마는데 이것은 우리 어른들이 오히려 그만큼 영혼이 탁해져 있기 때문에 이해가 되지 않는 것이다. 우리의 정신세계라는 것은 그만큼 넓고도 무한한 것이기 때문에 아직은 우리 현대의 과학으로는 일일이 증명을 못한다고 못 믿는다는 것은 그 사람의 불행이다.

명상태교는 이 세 가지의 커뮤니케이션을 다 가능하게 한다.

아기의 인생 계획을 어떠한 방법으로도 빨리 알아서 보다 부드럽게 서로 협력하여 이 세상에 나와서 본인의 능력을 100% 이상 발휘할 수 있게 하여야 한다. 이렇게 하기 위해서는 무엇보다도 어머니가 아기의 마음을 알아야 하고 또한 부모와의 마음의

명상태교의 실천

연결이 중요하다고 생각한다.

이것이 태담의 가능성이고 목적이다.

"어떻게 태아가 말을 해요. 그건 그냥 엄마의 환청일 거예요!"

이렇게 말하는 임산부들이 많은데, 나는 그런 임산부들을 보면 그냥 딱할 따름이다. 그네들은 자기 마음이 탁한 것도 모자라 태아까지 어둡고, 탁하게 만들고 있는 장본인들이다. 이 책을 읽고 있는 사람 중에도 그런 이들이 있다면 이미 많이 늦었지만 이제라도 시작하라고 다시 한번 권해주고 싶다. 나중에 후회하지 않기 위해서라도.

사실 많은 여성들이 아이를 가진 후 얼마동안은 자신이 얼마나 경이로운 경험을 하고 있으며, 임신과 더불어 자신의 존재가 얼마나 성스러운 것임을 미처 실감하지 못한다.

하지만 아이와의 교감을 시작하면서 비로소 한 생명을 잉태하고 키우는 엄마가 된다는 사실에 신비에 가까운 놀라움을 느끼게 되며, 동시에 아이를 잘 키울 수 있을까 하는 두려운 마음이 들기도 한다. 엄마는 그 모든 마음을 태아와 함께 나누고 싶어한다.

그런데 태아도 마찬가지다. 태아는 이 세상에 온 목적이 있다. 그렇기 때문에 태아는 과연 앞으로의 생에서 그 목적을 이룰 수 있을지, 또는 부모로 인연 맺은 이들이 자신의 목적을 이루는데 도움을 줄 수 있을지 알 수 없으므로 미래에 대한 기대와 설렘, 그리고 두려움을 느끼게 되고, 그러한 마음들을 가장 가까운 엄

명상으로 하는 태교와 육아

마와 나누고 싶어한다.

이러한 태아의 간절한 바람을 외면한 채, 태아를 자궁 속에 방치해두지만 태아는 영혼에 가까운 능력을 지니고 있기 때문에 이미 엄마의 이야기를 들을 준비가 돼있다.

준비는 오히려 엄마의 몫이다. 엄마는 지금까지 살면서 마음이 너무 탁해져 있는 상태이기 때문에 그대로의 상태에서는 태아의 맑은 영혼의 목소리를 들을 수 없다.

엄마도 맑은 영혼으로 변화해야만 그것은 가능하다. 그래서 결혼 전부터 명상을 통해 마음자리를 깨끗이 청소해놔야 하는 것이다. 하지만 그렇지 못하더라도 임신한 후에 바로 태아명상을 시작하면 얼마든지 태아의 목소리를 들을 수 있다.

지금까지 설명한 태아명상을 순서대로, 즉 어머니를 떠올리며 자기 자신을 되돌려 그간 쌓였던 감정의 찌꺼기를 덜어내고, 그 과정에서 참회와 감사로 자신의 마음을 채운 임산부라면 이제 아주 자연스럽게 태아의 목소리가 들려올 것이다.

태아와 대화를 어떻게 시작할까, 너무 거창하고 부담스럽게 고민할 필요 없다. 그저 태담을 하기 전 임산부들은 따뜻한 마음의 목소리로 이렇게 태아에게 말을 건네면 될 것이다.

"내가 어느 한 인연의 어머니가 되는구나, 넌 어떻게 내게로 왔니, 참 많이 기다렸단다. 아주 감사한 마음으로 너를 맞이할 거야. 나는 이 아이에게 무엇을 어떻게 해야 할까. 어떻게 해야 이

명상태교의 실천

아이가 세상을 아름답게 살아가게 이끌어줄 수 있을까.”

　태아에게 말을 걸기 시작해 일상에서 느끼는 마음들을 그저 친구에게 말하듯 이야기를 건네면 된다. 그러다 보면 놀랍게도 태아는 그 물음에 하나씩 답을 해준다.

　실제로 명상을 한 많은 임산부들은 태아의 이야기를 들었다. 한 임산부는 어느 날 감기에 걸려 너무나 아팠다고 한다. 그래서 명상을 하면서 태아에게 이렇게 이야기를 했다고 한다.

　“엄마가 감기에 걸려서 너무 아프단다. 그런데 약을 먹을 수가 없어. 약은 너에게 좋지 않기 때문에 엄마는 아파도 참을 거야!”

　그러자 얼마 후에 태아는 너무나 또렷한 목소리로 말을 했다고 한다.

　“많이 아파요? 고마워요. 엄마가 아프면 나도 아파요. 그러니 힘내요!”

　또, 어떤 임산부는 직장일 때문에 너무나 힘이 들어 회사에서 잠깐 짬을 내어 명상에 잠겼다고 한다.

　그런데 그때 아이가 말을 건네왔다고 한다.

　“엄마가 힘들어서 짜증내고, 피곤해 해도 이해할게요.”

　그녀는 평소에 배를 쓰다듬으면서,

　“아가야, 오늘도 내가 화를 냈구나. 일이 너무 힘들거든. 근데 직장을 관둘 수가 없단다.”

　이렇게 얘기를 자주 했었다고 한다.

명상으로 하는 태교와 육아

태아는 평소에 엄마의 그런 안타까운 심정을 받아들이고, 함께 엄마의 고충을 이해하고 있었던 것이다.

이렇듯 태아는 엄마의 아주 작은 말 한마디, 행동 하나, 감정까지도 읽고 있다. 그렇기 때문에 엄마도 태아와 교신을 하기 위해서 끊임없이 노력을 해야 하는 것이다.

그래서 명상을 통해 태담을 나누는 것에만 국한시키지 않고 일상생활 전체를 태담이 되도록 만들어야 한다.

그래서 불교신자라면 틈이 나는 대로 염불과 기도소리를 들려주거나 손수 경전을 읽어주고, 기독교신자라면 성경소리나 찬송가를 들려주어도 좋을 것이다.

종교와 상관없이 아름다운 시 · 소설의 한 구절을 들려줘도 좋을 것이다. 단, 임산부 자신이 그 글을 읽고 마음에 감동을 받고, 그 감동을 실어 읽어주어야지 그냥 좋은 걸 들려줘야 하기 때문에 읽어주는 행위만 계속된다면 그건 소용없는 일이다.

산책을 하면서 자연의 아름다운 풍광을 엄마가 느끼는 대로 말해주는 것도 참 좋은 일이다.

나뭇잎을 흔들고 지나가는 바람소리, 낙엽이 타는 냄새, 그날의 하늘과 날씨변화까지, 태아는 그 말들 속에 담긴 엄마의 진솔한 마음을 읽으며 엄마와 더욱 친밀감을 느끼게 될 것이다. 이러한 것들을 동화나 그림책을 읽어주고 보여주는 것보다 엄마가 직접 느끼고 보는 마음과 감성으로 엄마의 부드러운 목소리에

명상태교의 실천

실어서 들려준다면 태아의 두뇌를 한층 더 자극하여 IQ · EQ를 높이는 효과를 얻을 수가 있다.

임신한 여성들에게 꼭 강조하고 싶은 것은 여러분들은 이 세상, 이 사회를 위해서 너무나 중요한 일을 하고 있다는 것이다. 세상의 한 구성원이 될 아이가 엄마의 한 생각, 한 행동으로 운명을 결정지을 수 있다는 사실을 꼭 명심해야 할 것이다.

명상을 많이 하고, 평화로운 마음을 가져야 태아의 선근(善根)이 깊어지고, 이 세상에 나와서도 아름답고 지혜로운 사람으로 성장할 수 있음을 다시 한번 꼭 명심해야 할 것이다.

태담을 할 때 태아와 이런 대화를 나눠보세요

그 어느 전생에서 살생을 하였다면, 남에게 살생을 하도록 가르쳤다면, 남에게 살생하게 하여 즐거워했다면 그 업들을 같이 씻어버리자. 그 어느 전생에서 남의 물건을 탐하였다면, 남에게 거짓말을 했다면, 남에게 오만하게 굴었다면 그 업들을 함께 씻어버리자.

그 어느 전생에서 부모의 것을 함부로 낭비했거나, 부모 · 형제 · 친구 · 스승을 원망하여 상처를 입혔다면 그 업들을 함께 씻어버리자.

그 어느 전생에서 마음이 인색하여 어려운 이들을 못본 척하고, 부모 · 형제 · 친지 · 친구에게 인색하였다면 그 업들을 함께 씻어버리자. (이런 방식으로 태아와 태담을 나누면서 엄마와 태아, 서로의 악하고, 어둡고, 탁한 마음의 뿌리를 뽑아내도록 하세요!!)

명상으로 하는 태교와 육아

태아에게 이름을 붙여주세요(태아도 하나의 인격체이다)

우리 어른들도 대화를 나누면서, 어이…… 형씨, 저기요…… 아저씨, 아줌마……. 이렇게 서로의 이름이 아닌, 익명적인 호칭을 쓴다면 서로에게 친밀감을 느끼기도 어렵고, 대화도 깊어질 수 없다.

그렇지만 아무리 짧은 말이라도 서로의 이름을 다정하게 불러주며 이야기를 건네면 상대방이 더욱 가깝게 느껴지게 마련이다.

그처럼 태아에게도 그만의 이름을 지어주고, 부모가 다정하게 이름을 불러주면서 이야기를 건네주면 태담이 더욱 잘 이루어진다. 태아의 이름을 지어줄 때 먼저 명상(태담)을 하면서 태아와 상의를 하는 것도 좋은 방법이다. 실제로 태아들이 먼저 "미미라고 불러주세요"라든지 "저는 ~라는 이름이 좋아요"라고 말하는 예들이 있다.

명상을 하면서도, 또 일상생활을 하면서도, 반드시 태아의 이름을 먼저 불러주면 태아 역시 한 인격체로 인정해준 부모에게 감사하면서 진정한 태담이 잘 이루어질 수 있다.

태아에게도 반성할 시간을 주어라 (운명의 개발)

태담을 나누는 일은 엄마와 태아가 서로 일체감을 느끼고, 서로의 생각 · 감정들을 솔직하게 주고받는 시간이다.

태아나 엄마, 모두 전생에 얽힌 인연에 의해 서로 만났고, 또 서로서로 업보를 안고 있다. 업보를 덜어내지 않고, 그냥 살아가려고 하면 얼마나 힘든 삶이 되는가. 그렇기 때문에 엄마는 태담을 통해 태아에게도 자신의 과거를 반성할 기회를 주어야 한다.

태아명상을 하면서 산모가 자신의 과거를 돌이켜 반성하고 감사하면서 영혼을 청소하듯이 태아도 엄마와 함께 명상을 하고, 맑고 좋은 이야기로 태담을 나누면서 자신을 반성해야 한다. 그러면서 서로의 인연에서 비롯된 공업까지 함께 반성하고 털어낼 수 있게 된다.

태어나기 전부터 업을 녹여야지 앞으로 인생도 더욱 평화로울 수 있지 않을까. 엄마가 자식 잘되기를 바라는 심정으로 태담을 통해 태아에게 조용히 반성할 시간을 꼭 주길……

자투리 태교상식

플로트 브레인이란…

플로트 브레인은 태교 중에 마음을 통하게 해서 엄마가 태아에게 말을 많이 걸어주면 그 아이는 태어나기 전에 이미 뇌세포 회로가 완성된다는 것.

미국 워싱턴주 유아교육연구소장 브레인 로건 박사는 "태교를 한 아이는 다른 아이들과는 다른 뇌세포를 갖고 있다" 는 말을 하기도 했다.

그만큼 엄마와 태아가 마음의 이야기를 나누는 것은 중요하다.

태아의 재능을 살려주어라! (잠재의식의 개발)

태아는 전생의 습관 · 정서 · 인간성 등을 그대로 잠재한 채 새로운 자궁 속으로 잉태된다. 그런데 습관 · 정서 · 인간성뿐만 아니라 재능도 함께 고스란히 간직한 채 오게 된다.

그래서 태담을 통해 엄마는 태아의 재능이 무엇이고 어떤 것들에 관심을 가지는지 느껴보아야 한다. 그렇다고 무엇이든 무분별하게 보여주고 들려주라는 소리는 아니다. 엄마와의 교감을 통해 자연스럽게 태아가 표현을 할 수 있도록 해주어야 한다.

실제로 내가 아는 어떤 아이는 태어날 때부터 국악연주곡이 흐르면 자연스럽게 그 흐름을 몸으로 표현해냈다. 그런데 그 엄마는 아이를 임신하고 있을 때, 이미 그것을 느낄 수 있었다고 한다. 태담을 나누면서 국악소리를 들려주면 분명히 태아는 그것에 뚜렷한 반응을 보였기 때문이다.

태내에서 태아의 재능을 개발해주지 않으면, 태어난 후 점점 그 재능에 대한 기억을 잊게 된다. 아이들은 4살 때까지 전생을 기억한다고 한다. 하지만 4살만 지나면 전생은 까마득한 무의식에 갇히게 되는데, 재능 또한 마찬가지로 묻혀지는 전생이 돼버리고 마는 것이다.

누구나 재능은 타고 나지만, 재능을 발휘하는 사람은 극히 드물다. 그것은 분명 엄마의 태담이 부족해서라고 나는 생각한다.

명상태교 실천

(10) 명상태교일기(명상일기) 쓰기

매일 명상을 하고 난 후에는 그날 그날 명상을 하면서 느끼고 보았던 체험을 아주 사소한 것이라도 기록해두는 것이 좋다.

명상을 하고 나서 눈을 뜨면 명상 중에 느꼈던 일들을 잊어버리는 경우가 많다. 그래서 명상일기를 써서 늘 자기 마음 상태가 어떻게 변해 가고 있는지를 하루하루 체크하는 것이 필요하다. 그렇게 되면 명상을 하면서 잠시나마 변화되었던 마음을 일상생활까지 연장시킬 수 있게 된다.

또, 명상일기를 명상을 지도해주는 분이나 명상경험자들에게 보여주어 자신이 명상을 하면서 잘못된 것은 없는지 수정하는 기회를 갖는 것이 명상 초심자들에게는 매우 중요한 일이다.

명상일기 쓰는 방법은 특별하게 정해져 있지는 않다. 있는 그대로를 쓰되, 너무 사소한 것이라 해서 그냥 넘기지 말고 그날 그날 느꼈던 전부를 기록하는 것이 좋다.

임산부들의 명상일기는 아기와의 태담일기로 발전시킬 수 있고, 나중에 자식이 태어난 후에도 육아일기로 계속 이어질 수

명상태교의 실천

있다.

또한, 엄마의 이런 기록은 훗날 자식들이 성장하고 난 후에도 정신적으로 훌륭한 명상지침이 될 수 있을 것이다.

명상태교에 관한 Q&A

Q1. 명상을 할 때, 잡념만 듭니다. 이러다가 평생 잡념만 들고 마는 게 아닌지 자신감이 없어집니다. 잡념이 들 때, 잡념을 떨쳐버릴 수 있는 좋은 방법은 없을까요?

잡념이 많다는 것은 집중력이 부족하기 때문이다. 그럴 경우에는 집중력을 키워야 하기 때문에 자기가 좋아하거나 존경하는 사람, 혹은 좋아하는 물건이나 자연풍경 등을 눈앞에 그리면서 계속 그것에 정신을 집중하는 훈련을 한다.

자기가 가장 좋아하는 장소를 그리면서, 예를 들어 개울가나 바닷가, 종교가 있으면 교회나 법당 등에서 자신이 지금 명상을 하고 있다고 생각한다. 그렇게 정신을 생각하다보면 집중력이 많이 향상된다.

그래도 안 될 경우는 명상을 하다가 눈을 지그시 떠서 한 곳에 눈동자를 모아 정신을 한 곳으로 가다듬는 시간을 가진 후에 다시 눈에서 힘을 빼면서 눈을 감고 명상에 잠긴다.

Q2. 임신 두 달부터 명상을 시작했는데, 앞으로 배가 불러오면 혹시 명상하기가 힘들지 않을까 생각됩니다. 혹시 임신기간 단계별로 명상 태교 방법도 달라지는지 궁금합니다.

임신기간별로 명상태교 방법이 따로 있는 것이 아니다. 그렇게 임신기간별로 명상태교 방법을 구별해서 하는 것 자체가 잘못된 집착이고 욕심이다.

명상은 어리거나 나이 들었거나, 많이 배웠거나 못 배웠거나, 시작과 끝은 모든 사람들에게 있어 다 똑같다. 하지만 임신기간 중에 임산부의 몸의 상태에 따라서 명상자세가 힘들게 느껴질 수는 있다. 배가 많이 불러 가부좌 자세가 힘든 임산부는 의자에 앉아서 똑같은 방법으로 몸에서 힘을 뺀 후 명상을 하면 된다.

명상을 하는 중에 화장실에 가는 일이 없도록, 특히 임산부들은 반드시 화장실에 다녀온 후 명상을 시작한다. 이렇게 사소한 문제라고 여겨지는 것들이 명상에 있어서는 큰 방해가 될 수 있다는 것을 꼭 명심해야 한다.

Q3. 명상을 매일매일 하고 싶은 마음은 있어도 현실적으로 매일 실천하기는 참 힘듭니다. 명상을 매일매일 하지 않고, 며칠씩 거르게 되면 그 효과가 떨어지나요?

명상을 매일 하지 않으면 집중력이 떨어져서 발전의 속도가 느려지고, 효과가 떨어지는 것은 당연한 일이다.

명상태교의 실천

명상이라는 것은 매일매일 하더라도 한 발 전진과 두 발 퇴보의 과정을 거듭하는 힘든 과정이다. 그런데 중간중간 소홀히 한다면 그 자체가 큰 퇴보가 된다. 여행을 간다거나 직장 일이 바빠 야근을 한다고 해도, 잠깐이라도 그때 그 장소에서 명상의 시간을 갖기 위해 노력해야 한다.

명상을 오랜 기간 해온 사람들은 눈을 뜨고도, 또 어떤 장소에서건 명상에 잠길 수 있게 된다. 그렇게 되기 전까지는 수백 번 마음을 다잡아 명상을 생활화하는 습관을 가져야 한다.

Q4. 남편과 함께 명상을 하고 싶은데, 남편은 직장 일로 출장이 잦거나 술을 먹고 들어오기 때문에 명상을 할 수 없습니다. 남편이 명상을 대신하여 틈틈이 할 수 있는 태교방법이 있다면 어떤 것이 있습니까?

우선 남편이 명상을 제대로 하지 못한다고 해서 그것에 너무 마음을 쓴다면 본인이 명상을 할 때도 지장이 생긴다. 그러므로 그것을 남편과의 갈등으로 연결시키지 말고, 너그러운 마음으로 남편에게 틈틈이 명상을 할 수 있는 기회를 만들어주기 위해 노력한다.

그래도 남편이 명상을 못할 상황이라면 혼자서라도 열심히 명상을 하고 명상태교일기를 써서 남편에게 보여주는 것도 좋은 방법이다. 태아의 아명을 지어서 남편이 어디를 가든 아명을 부르면서 사랑스런 메시지를 보내는 것도 태아에게 텔레파시로 전

명상으로 하는 태교와 육아

달될 수 있다.

마지막으로 '사랑스러운 아내가 되는 것'이 남편의 태교를 이끌어주는 가장 좋은 방법임을 명심해야 한다.

Q5. 명상을 하다가 문득문득 생각지도 않았던 옛날 일들이 떠오르고, 잊고 살았던 사람들 얼굴이 떠오를 때가 있는데, 이건 왜 그런가요?

명상을 하면 무의식 속을 톡톡 건드려서 오랫동안 잊고 살았던 추억이나 기억들을 되살리게 되는 경우가 많다. 그래서 명상을 수년 동안 해온 사람들은 전생의 기억까지도 자연스럽게 할 수 있게 되는 것이다.

그러니까 명상 중에 예기치 않은 기억이 떠오르면, 설령 떠올리고 싶지 않은 기억이라고 하더라도 반드시 그 장면을 잘 살펴서 그 속에 담겨 있는 나의 마음을 관찰해야 한다. 이것은 무의식 중에 자신이 쌓은 업보를 녹이는 기회가 될 수도 있기 때문에 무척 중요한 일이기 때문이다.

간혹 그렇게 옛날 기억들을 떠올리기 위해, 또는 전생을 보고 싶다는 마음으로 명상을 하는 사람들도 있는데, 그것은 절대로 옳지 못한 것으로 잘못된 명상의 길로 접어드는 지름길이다. 그래서 그런 목적을 갖고 명상을 하도록 가르치는 명상센터나 명상지도자는 찾지 않는 것이 바람직하다.

명상태교의 실천

명상태교 효과

(1) 태아의 EQ · IQ 향상

인간의 뇌에 있어서 대뇌신피질의 기능은 이성과 지성을 담당하고, 대뇌변연계는 감정과 감성을 조절한다고 한다. 이러한 뇌의 기능들에 의해 IQ와 EQ가 형성·발달되는 것이다. 그런데 이러한 뇌의 기능들이 한쪽으로 치우치지 않고 균형있게 발달해야 훌륭한 인재가 되는 것이다. 명상을 하면 이러한 대뇌신피질에 의한 이성과 변연계에 의한 감성이 조화롭게 발달할 수 있다.

요즘 젊은이들이나 청소년들을 보면 IQ는 높아도 EQ가 높은 인재들이 드문 것 같다. 그것은 부모들이나 기성세대들이 IQ 중심의 교육을 해왔기 때문이다.

그래서 최근 들어서야 EQ태교·EQ유아교육이 널리 확산되고 있는데, 그렇지만 부모들의 올바른 인성과 가정교육이 토대가 되지 않는다면 모래 위에 집을 짓는 것이나 마찬가지 일이다. 왜냐하면 EQ가 높은 아이들이 성장할 수 있는 가정환경이나 부모들의 인격이 바탕이 되지 않는다면 오히려 아이들은 IQ는 물론이고 EQ의 싹이 꺾여지거나 변질될 수 있기 때문이다.

명상태교의 특징은 인격이 훌륭하고 덕망이 있는 부모를 양성하는 것이 첫째 목적이며, 그러한 부모 바탕 위에서만 IQ · EQ가 높은 아이들이 태어날 수 있다는 것이 궁극적인 목적이다. 이것이 곧 좋은 사회, 좋은 나라, 좋은 세계를 이룩할 수 있는 지름길이기도 하다.

20세기가 물질이 가장 중요한 시대였다면, 21세기는 이제 정신문화가 꽃피게 될 것이라는 것이 전 세계 학계나 정신·문화계 등 모든 분야에서 공통된 주장이다.

그래서 우리나라 2세들이 앞으로 정신문화를 주도해 나가기 위해서는 바른 인격이 바탕이 된 EQ인재들이어야 한다. 그렇다면 이런 인재들의 양성을 위해서 우리들은 최선의 노력을 다해야 할 것이며, 최선의 노력으로 가장 효과적인 방편은 바로 명상태교가 될 것이다.

명상태교 효과

(2) 임산부와 태아를 위한 신선한 산소펌프

우리가 숨을 쉬면 산소가 폐에서 심장으로, 심장에서 혈액으로 옮겨져 아주 작은 말초신경까지 공급된다.

임산부의 경우, 태아의 뇌세포가 생성되기 시작하는 초기(3주에서 12주)에는 특히 많은 산소가 필요해진다. 태아는 엄마의 몸속에 있는 산소를 가져와 자신의 뇌세포 생성을 할 수밖에 없다. 그래서 이때 임산부가 부족해진 산소를 채우지 못하고 깨끗한 산소를 받아들이지 못하면 태아의 뇌세포 발육은 더뎌지고, 결국 IQ도 떨어지게 되는 결과를 초래한다.

일반적으로 사람의 몸에서 뇌는 다른 부분에 비해 산소량이 약 3배가 더 필요하다. 따라서 뇌발육을 해야 할 태아에게 산소가 얼마나 중요하고, 산모의 산소공급이 얼마나 중요한 일인지는 길게 설명할 필요도 없을 것이다.

또한 임신 중기·후기에는 임산부 몸 속의 혈관이 태아에 눌려서 수축이 되면서 태아에게 산소공급을 제대로 못하고 자신도 산소가 부족해지는 현상이 잦아진다.

이렇게 임산부 건강과 태아발육에 있어서는 산소가 가장 중요한데, 산소공급이 원활해지기 위해서는 무엇보다 혈액순환이 잘 되어야한다.

그렇다면 좋은 혈액순환을 위해 무엇이 중요할까.

혈액순환은 바로 호흡에서 시작되고, 호흡을 다스리는 것은 마음이다. 화나거나 흥분하면 숨이 턱턱 막히는 것을 경험했을 것이다. 따라서 호흡을 자연스럽게 함으로써 혈액에 산소를 많이 공급해주어야 한다.

산모의 호흡은 태아의 산소공급에만 영향이 있는 것이 아니고 태아의 정서와 성격·EQ에도 지대한 영향을 미친다.

이러한 이유들을 살펴본다면 산모의 호흡이 무척 중요한데, 그 호흡을 다스리는 마음에 여유와 안정을 찾기 위해서는 명상태교가 임산부에게 가장 좋은 산소영양제가 될 것이다.

(3) 오장육부를 건강하게

동양의학에서는 사람이 흥분을 하면 심장이 나빠지고, 슬퍼하면 폐가, 화를 내면 간이 상한다고 한다. 또 걱정이 많으면 비장이 나빠지고, 불안과 초조함이 쌓이면 신장을 괴롭힌다고 한다. 이런 증세들을 따지고 보면 몸과 마음이 직접적으로 연결돼 있음을 알 수 있다.

그리고 의학적으로 임산부들이 쓸데없는 감정소모로 불안, 초조한 마음으로 10개월을 보냈을 때, 자기 몸의 오장육부만 해치는 것이 아니라 태아에게 그대로 전달됨으로써 태아의 오장육부에도 똑같이 상하게 한다.

그러니 명상을 해서 마음을 편히 갖는 연습을 하면 임산부 자신의 오장육부뿐만 아니라 자식의 오장육부도 든든하게 챙기는 셈이 되는 것이다.

한편, 오장육부는 혈액순환에서도 직접적으로 영향을 받는다. 혈액순환이 원활하지 않아 오장육부에 탈이 생기면 바로 만병의 근원이 되기 때문에 명상을 통해 혈액순환을 건강하게 유지하는 것이 오장육부 건강의 시작인 것이다.

미국 코넬 대학의 피터 너새니얼즈 박사는…

그의 저서 ≪자궁 속의 삶≫에서 '우리가 일생동안 누리는 건강은 상당 부분 태아였을 때의 환경, 다시 말해 태내에 있을 때 간·심장·신장, 특히 뇌기능을 프로그래밍하는 조건들에 의해 결정된다' 고 말했다.

명상태교 효과

(4) 뇌파 알파파에서 엔도르핀 호르몬 증가

명상을 해서 마음이 지극히 고요해지고 평화로워지면 뇌에서 알파파라는 뇌파가 많이 나온다. 우리 인간 몸에는 약 백 수십 종류의 호르몬이 있는데, 그 중에서 우리가 잘 아는 엔도르핀이라는 호르몬이 있다. 엔도르핀은 일종의 환각상태와 비슷하게 사람의 기분을 상승시켜주는 작용을 하는데, 바로 이 엔도르핀 호르몬을 증가시키는 결정적인 역할을 하는 것이 바로 알파파이다. 알파파에 의해 증가된 엔도르핀 호르몬으로 사람들은 아주 자연스러운 상태에서 스스로 정신적·육체적 고통으로부터 해방될 수 있는 힘을 가지게 된다.

엔도르핀 호르몬은 늘 긍정적인 사고를 하고, 자주 웃는 사람일수록 많이 생성되는데, 명상으로써 엔도르핀 호르몬은 오랫동

명상으로 하는 태교와 육아

안 생성·지속시킬 수 있게 되는 것이다. 또한, 엔도르핀 호르몬은 사람의 기분을 상승시켜줄 뿐만 아니라 체내의 면역성을 길러주어 병도 치료할 수 있는 도움을 주기도 한다. 그래서 엔도르핀 호르몬은 임산부들의 몸과 마음을 건강하게 유지시키는데 도움을 주고, 늘 긍정적이고 기쁜 마음으로 생활을 하게 도와주며 스트레스를 막아주는 역할도 해준다.

임산부뿐만 아니라 태아에게도 이 엔도르핀 호르몬은 크게 도움을 준다. 정신적으로는 긍정적인 사고의 기초를 다져주며, 태내에서부터 늘 밝고 맑은 심성과 인격을 만들어 준다. 또 육체적으로도 면역성을 키워주어 튼튼한 체질의 아이로 성장할 수 있는 토대를 만들어준다.

베타(β)파

불안·초조·긴장한 상태에서 나오는 뇌파로, 우리의 일상생활과 직결된 뇌파이다. 예를 들어 일하고, 먹고, 움직이고, 보고, 듣는, 우리가 늘 하는 일상생활 중에 베타파가 나오는 것이다.

베타파가 증가되면 새롭게 스트레스가 만들어지기도 하고, 더욱 증가되기도 한다.

베타파 증가는 우리 몸에서도 작용을 하여 몸에 힘이 들어가서 근육이 긴장되거나 딱딱하게 굳어지는 현상을 일으킨다. 그래서 명상을 함으로써 힘을 빼는 이유가 이러한 베타파로 인한 근육의 긴장을 풀어주기 위한 것이다.

알파파

명상이나 기도를 많이 하는 사람들에게 알파파가 특별히 많이 발견된다는 통계가 있듯이 마음이 가장 고요하고 평화스러워진 상태에서 나오는 뇌파이다. 이 상태가 되면 잠재의식의 문이 열리기 시작하여 잠재능력을 개발할 수 있다.

그리고 알파파는 엔도르핀 호르몬뿐만 아니라 우리 몸과 마음에 좋은 호르몬을 많이 분비시키는데 도움을 주고 집중력과 기억력이 향상되며 인내력이 증대된다. 부모가 이러한 상태에 있으면 태아의 뇌는 상당히 개발이 되며 IQ가 높은 아이로 성장할 수 있다는 것은 당연한 이치이다. 따로 학습태교를 할 이유가 없는 것이다.

세타파

의식과 무의식의 경계에서 나오는 뇌파로, 숙면에 들어가기 직전에 나오는 뇌파이다. 세타파가 지극히 고요한 상태에서 나온다는 것은 알파파와 비슷한 점이지만 세타파는 무의식에서 아주 정적(靜的)인 상태이므로 우리 보통 사람에게는 거의 작용하지 않고, 명상을 아주 지극히 오랫동안 했거나 선지식들의 경지의 뇌파이기도 하다. 명상으로 이야기를 하면 무아의 경지에 달한 상태이기도 하다.

알파파는 의식의 작용을 통제할 만큼 동적(動的)인 뇌파여서 우리들의 의식과 마음을 움직이는데는 알파파의 역할이 크다.

티베트 스님과 엔도르핀

한 친구가 얼마 전 히말라야산맥에 자리잡고 있는 '타보사원'에서 달라이라마가 집전하는 칼라차크라 법회를 다녀왔다. 천년 동안 법당에 등이 꺼지지 않았을 만큼 티베트 사원 중에서도 유서 깊은 불교사원이다.

내가 이 이야기를 꺼내는 이유는 타보사원이나 달라이라마의 칼라차크라 법회를 얘기하려고 하는 게 아니다. 단지 친구가 그곳에 모인 티베트 스님으로부터 들었다는 짧은 이야기를 들려주기 위해서다.

이야기인즉슨 몇 년 전 미국으로 건너간 티베트 스님이 계셨다. 티베트는 아직도 중국과 정치적인 협상이 이루어지지 않은 탓에 법좌가 높은 스님들은 대부분 티베트를 떠나 제3국으로 망명해 있는 상태인데, 그 스님도 마찬가지였다.

어느 날 그 티베트 스님이 세계종교회의에 참석했다가 일어난 일이다. 그 스님은 회의 중에 갑자기 복통을 일으켰다. 너무도 놀란 사람들은 스님을 급히 인근 병원으로 모셔갔는데, 뜻밖에 진단은 급성 장파열(병명을 정확히 모르겠음). 의사의 말에 의하면 당장 수술을 하지 않으면 생명까지 위험할 수 있다는 것이었다.

주변 사람들은 아연실색, 날벼락을 맞은 듯 초조해 하는데, 오히려 스님은 태연해서 주위 사람들은 더욱 난처했다. 하지만 정

명상태교의 실천

작 주위 사람들을 놀라게 했던 건 그 당시 수술실 안에서 이루어
진 스토리다.

"수술대에 누워 있는 스님을 마취하려고 하자, 스님은 마취를
하지 말고 그냥 수술을 하라는 것이었습니다. 의료진들은 모두
놀라 그렇게는 할 수 없다며 펄펄 뛰었죠. 하지만, 스님은 막무가
내였어요. 할 수 없이 마취를 하지 않은 채 수술을 했습니다. 근
데 이런 기적이 있을 수 있나요? 스님은 수술이 진행되는 내내,
평온한 표정에 외마디 비명조차 내지 않으셨어요. 어떻게 그렇
게 큰 고통을 견디며 평화로울 수 있는건지 지금도 전혀 납득이
가지 않아요. 그래서 우리 의료진들은 스님의 혈액을 검사하기
로 했습니다."
　"수술은 잘 되었나요?"
　"물론 놀랍지만 아무 이상 없이 끝났습니다."
　그 당시 수술을 담당했던 의사의 말이다.
　그 후 며칠이 지나고 혈액검사 결과가 나왔다. 그런데 의료진
의 반응은 흥분으로 가득했다.
　"호르몬이 나왔어요. 이 호르몬이 나와서 스님께서 그 고통을
견딜 수 있었던 것 같아요!"
　그 때, 미국의 의료진들을 놀라게 했던 호르몬은 다름아니라
지금은 널리 알려진 엔도르핀이었다. 의사들은 스님이 마취제

명상으로 하는 태교와 육아

(morphine)를 사용하지 않고 체내에서 모르핀을 생성했다고 해서 엔도르핀(endor-inner-phine)이라고 이름지었다고 한다. 그렇게 해서 지상에 관심사로 떠오른 엔도르핀에 대해 많은 연구가 이루어졌고, 연구 결과 중에서 가장 잘 알려진 내용은 엔도르핀이 체내에 많이 생성되면 즐겁고 활기에 넘친다는 것이다.

그렇다면 티베트 스님은 어떻게 그토록 고통스런 수술 속에서도 엔도르핀이 샘솟을 수 있었을까.

그 비밀은 바로 명상에 있다. 티베트는 삶이 곧 불교이며, 명상인 나라라고 말해도 과언이 아닐 정도로 명상이 발달한 나라다.

이미 과학적으로도 입증됐듯이 명상을 하면 할수록 뇌에 산소 공급이 양적이나 질적으로 증가하고, 엔도르핀이 많이 생성된다. 다시 말해 명상을 하면 할수록 마음이 즐거워지고, 머리가 맑아진다는 뜻이다.

아이를 가진 엄마가 어떤 마음이냐에 따라 태아의 정서가 결정된다는 것쯤은 이제 대부분의 여성들이 알고 있다. 그렇다면 엄마의 마음을 다스리는 방법이 무엇인가. 무엇으로 마음의 평화와 행복감을 태아에게 충만히 전달할 수 있을까.

그 해답은 오늘부터라도 하루에 15분씩 명상에 잠겨본다면 자연스럽게 얻을 수 있게 될 것이다.

명상태교의 실천

(5) 스트레스 탈출!!

현대인의 생활은 스트레스의 연속이라고 한다. 그래서 스트레스를 다스리는 일이 성공의 길이라는 말이 있을 정도다.

스트레스를 다스리기 위해서는 스트레스가 어디서 오는가를 잘 관찰해야 한다. 짜증이나 싫증이 쌓이다보면 스스로 생각하고 사색하는 습관이 자연히 줄어든다. 그러다보면 인내력이 부족해지고, 성질이 급해져서 즉흥적인 사고와 행동을 하게 되고, 그런 결과로 올바른 판단력을 상실하게 된다.

올바르고 이성적인 판단을 못하다보면 당연히 감정에 휘둘리게 된다. 뭐든지 감정적으로 대하게 되고, 감정의 기복이 심해진다. 이런 감정들의 여파로 식욕부진 · 불면 · 불안 · 불신 · 우울증 · 노이로제 · 분열증세가 야기되고, 급기야는 자기 감정의 고삐를 놓치게 되며, 인생 전체가 스트레스 덩어리가 되고 마는 것이다.

이런 과정에서도 알 수 있듯이 결국 스트레스는 내 마음에서, 내 생각에서, 내 성격에서 비롯돼서 더욱 부풀려지는 것이다.

임산부에게 스트레스는 더욱 독이 된다. 임산부가 스트레스를 많이 받으면 대뇌피질을 흥분시켜 놀아드레날린이라는 호르몬을 촉진시켜서 자율신경의 기능을 떨어뜨리고, 혈액순환을 방해하며, 각종 신경의 균형을 깨뜨린다. 이렇게 되면 심장이 뛰고 혈압이 높아져서 산소가 부족해지는데, 이런 상태는 태아에게 직접적으로 영향을 주어 태아의 지능이 떨어지고, 면역성이 부족해 태어나서도 병이 많은 아이로 성장한다.

임산부들이 명상태교를 하면 집중력이 키워져 쓸데없는 잡념에 시달리는 일이 점점 줄어들게 된다. 그러다보니 스스로 감정 조절을 잘 하게 되어 자기 생활이 편해짐과 동시에 타인에 대한 감정도 배려해주는 인격을 품게 된다.

임산부가 명상을 통해 집중력을 키우면 태아의 IQ가 높아지고, 자기 감정 조절을 잘하게 되면 태아의 정서가 안정되어서 EQ가 향상된다.

자투리 태교상식

태교와 식생활(1)

임신 초기는 태아의 뇌세포가 분열하고 증식하는 가장 중요한 시기이므로 많은 단백질과 산소가 필요하다. 따라서 이때 임산부는 질 좋은 단백질을 많이 섭취해야 하는데, 단백질 중에서도 식물성 단백질이 좋다.

식물성 단백질을 섭취할 수 있는 식품으로는 콩·두부·조·수수·깨·호박씨·각종 식물의 씨앗·현미·다시마·미역·김·호두·잣·아몬드 등이 있다.

임신 중기에는 태아가 뼈와 혈액을 만들기 때문에 칼슘과 철분을 많이 섭취해야 하고, 임신 후기는 머리카락이나 손톱 등이 만들어지는 시기이므로, 비타민을 많이 섭취해야 한다.

임신 중 육류·생선·달걀·우유 등 단백질을 과다 섭취하게 되면 피부질환에 걸리기 쉽다. 특히 요사이 육류·생선·달걀·우유 등에는 많은 항생제나 약을 투여하면서 키우기 때문에 이러한 것을 많이 섭취하면 임산부는 물론 태아에게도 영향을 준다.

명상태교 경험담

태교와 식생활(2) – 임산부 금기식품들

알코올과 카페인·콜라·코코아는 태아의 두뇌발달에 지장을 초래하고, 근력을 약하게 하며, 동작을 둔하게 만든다. 커피는 칼슘과 철분 등 무기질의 흡수율을 떨어뜨리고, 시중에 판매되는 청량음료는 체내의 칼슘을 매우 소모하게 한다.

명상태교 경험담

흔히 "명상을 하면 뭐가 좋아요?"라고 물어보는 사람들이 많다. 그럴 때마다 나는 말문이 막혀버리곤 한다. 어떤 사람들이 그랬던가, 사랑이란 두 글자 속에는 절대로 사랑이란 느낌 · 감정 · 행복이 담길 수 없다고.

마찬가지다. 명상도 명상이란 두 글자로 명상으로 인한 희열을 담는 것은 천부당만부당한 일이며, 오히려 미흡한 말솜씨로 명상의 제 의미를 퇴색시켜버리고는 한다.

그래서 나는 명상이 도대체 어떻게 좋은가를 설명할까, 고민하다가 옹색하기는 해도 두 가지 대안을 찾았다.

한 가지는 선지식의 말 한마디가 초심자에게는 큰 의미가 있듯이 나의 명상 체험담을 몇 가지 이야기해줌으로써 보고 듣는 이가 명상의 세계를 이해하는데 도움을 주는 것이고, 또 하나는 구체적으로 우리 몸과 마음에 직접적으로 어떤 효과가 있는지 설명하는 것이다. 특히 이 책에는 태교에 있어 명상으로부터 어떤 도움을 받을 수 있는지 설명하기로 한다.

먼저 몇 가지 명상을 한 나의 체험담들을 소개한다.

우리 인간사는 도토리 키재기구나!

명상에 잠겨 있다 보면 평소 많이 들어서 알고는 있지만 진실로 깨닫지 못하는 삶의 비밀들이 그대로 형상화되어 나타난다. 그런 형상들이 나타나면 나는 언제나 객관적인 입장에 서서, 마치 전지적 작가 시점의 소설을 읽듯이 그 형상이 뚜렷하게 해석하게 된다.

십여 년 명상을 하면서 그런 경험은 무수히 많았지만 그 중에 이런 일이 있었다.

여느 날처럼 몸에 힘을 빼고, 호흡을 고른 후, 무념의 상태로 빠져 들어갔다. 그러던 중, 갑자기 작은 접시 위에 모래 사막이 산등성이를 이룬 광경이 떠오르는 것이 아닌가.

그 접시 위의 광경은 아직까지도 생생하다.

좁은 모래 사막 위에는 작은 점들이 조금씩 꿈틀대고 있었다. 저게 뭔가, 하고 잘 들여다보니 그건 아주 작은 모래알 같은 도토리들이 엎치고 덮치면서 깔리고 있는 모습이었다. 도대체 이 사막에서 뭘 하고 있나 했더니 힘껏 섰다가는 다시 쓰러지고, 또 일어섰다가는 다시 쓰러지고…….

도토리들이 저마다 한 번 해보겠다고 바둥대는 형국이 너무 힘겨워 보여 처량하기까지 했다. 누워 있는 도토리, 서 있는 도토리, 쓰러져 일어나려고 발버둥치는 도토리 등……. 멀리 떨어져서 우주의 눈으로 보면 우리 인생사도 다 같은 도토리일 뿐인

명상으로 하는 태교와 육아

데……

'아, 저게 바로 인간사였구나. 저렇게 좁은 세상인지 모르고, 아무리 서로들 이겨보려고 바둥댄다 해도 결국 도토리 키재기인 걸…….'

좁은 세상 안에서 인생을 바라보았을 때에는 이러한 진리를 보려고 노력해도 보이지 않는다. 아무리 노력해도 진실로 보이지 않던 그 진리가 명상의 세계에서는 이렇게 확연하게 보이는 것을…….

접시 위 모래 사막에서만 벗어나면 너무도 평화로운 우주가 있는 걸 모르고 그토록 힘들게 살아가는 우리네 인생들.

"정말 접시가 보였어요? 정말 그 위에 모래알 같은 많은 도토리가 있었나요?"
라고 묻는 사람들도 있으리라.

그런 이들은 눈에 보이는 이론들을 앞세워 더 이상 잘난 척 하지 말고, 또 도토리 키재기인 세상에서 잘나봐야 그게 그거라는 사실을 빨리 깨닫고 명상을 한 번 해보면 어떨까.

정면으로 나를 깨고 관세음보살을 만나다!

역사적으로 수많은 성현들과 선지식들이 우리에게 진리를 가르쳐주었다.

그러나 진리를 몸소 깨달은 사람들이 얼마나 되랴. 아마도 그

명상태교 경험담

이유는 진리를 지식으로 받아들이고 있기 때문이다.

지식과 지혜, 이 둘의 차이점 또한 지식으로써 알고 있을 것이다. 사전만 찾아보면 되니까 말이다. 하지만 지식과 지혜가 본질적으로 다른 점을 사전이 아니라 내 마음으로 깨닫기 위해서 '명상'을 해야 한다.

임신을 하고, 태교를 하고, 출산을 하고, 육아를 하고, 한 여성이 어머니로서의 길을 가는데는 지식도 필요하지만 그보다는 지혜가 우선이다. 아무리 많은 출산과 육아에 관한 서적이 있다해도, 그것을 저마다 자신과 자기 아이에게 맞도록 만드는 것은 지혜이기 때문이다.

우리 조상의 어머니들이 과학적이고 데이터에 근거한 지식은 없어도 아이들을 건강하고 똑똑하게 키울 수 있었던 것은 지혜의 힘이다.

그 동안 관습·도덕·습관·교육·환경 등 고정되고 정체된 세계로 결박했던 나란 실체를 철저하게 깨부수는 것도 지혜다. 지혜만이 정통으로 나를 깨부숴버릴 수 있는 것이다. 절대로 지식으로는 나를 깨부숴버릴 수 없다.

그런데 지혜는 여러 가지가 있지 않은가. 물론 그렇다. 몇 십년간 생활에서 쌓아온 연륜이나 경험도 있을 것이다. 그것은 우리 삶과 죽음, 그리고 우주를 관통하는 진리의 지혜는 될 수 없다.

명상을 통한다면 그 진리의 지혜를 터득할 수 있다고 확신한

명상으로 하는 태교와 육아

다. 명상을 통해 지혜를 얻는다면 굳이 따로 공부하지 않아도 일 상을 살아가는 수많은 낱낱의 지혜와 지식을 자연스럽게 얻을 수 있다.

나의 경우에는 명상 속에서 만나는 지혜의 스승이 있다. 믿을 지는 모르겠지만 관세음보살님이 바로 그 분이시다. 절에 가면 관세음보살상을 보았을 것이다. 아름다운 보관을 쓰시고 자비롭 고 인자하신 미소로 우리들의 마음을 달래주시는 관세음보살님.

그런데 관세음보살님은 한 가지 모습으로만 계시는 것이 아니 다. 불교에서 삼십삼응신이라고 하여 관세음보살님은 서른 세 가지 모습으로 나투신다는 교리도 있지만, 그것은 삼십삼응신 교리가 아니더라도 명상을 통해 관세음보살님의 여러 가지 모습 과 만날 수 있다.

관세음보살님의 다양한 모습 그 자체가 나에게는 지혜가 된 다. 내가 어리석고 옹색한 마음 씀씀이로 살아갈 때, 관세음보살 님은 더없이 엄하고 냉정한 모습으로 나투시고, 내가 어려운 일 에 처해서 어려운 일이 있으면 더없이 인자한 모습으로 나투신 다. 또, 다른 종교를 가진 이들은 그 종교에 맞는 모습으로도 나 투실지도 모른다.

언젠가 나의 딸 에미를 키우면서 홍콩에서 있었던 일이다.

에미가 여덟 살 되던 해 어느 날 친구들과 함께 수영장을 간 적 이 있었다. 나는 다른 날과 똑같이 집안 일을 마치고 명상에 잠

명상태교 경험담

겨 있었다. 그런데 왠지 마음이 불안하고, 명상을 하면서도 내 의식이 어딘가에서 두렵게 서성이고 있음을 느꼈다.

왜일까, 그 순간 관세음보살님의 근심스러운 얼굴이 희미하게 보였다. 나중에 알고보니 그때, 에미는 심장발작을 일으키고 있었다. (에미는 어려서 심장…… 증세가 있었다)

급하게 응급실에 데려가려던 구조대원들이 몇 시간 후 에미를 병원 대신 집으로 데려왔다. 에미가 제정신이 아닌 와중에도 엄마만 찾았기 때문에 할 수 없이 데리고 왔다는 것이었다.

집에 도착했을 때 에미의 몸은 축 처져 있었고 마치 죽음을 앞둔 육신 같았다. 말도 못하고 그저 잠에만 빠져 있는 딸. 나는 에미를 방에 눕혀놓고 몇 시간 명상만 했다. 그런데 명상 속에서 기적 같은 일이 벌어졌다.

명상을 하고 있는 동안 누군가 문을 열고 들어오고 있었다. 스르르 마치 그림자처럼 움직여 내가 채 부르기도 전에 에미 방으로 들어갔다.

내 의식도 어느새 방안으로 따라 들어가 있었다.(물론 내 몸은 명상을 하고 있는 그대로인 채였다) 그림자의 손은 에미의 심장으로 향했다. 그 순간, 마치 영화에서처럼 그림자의 손은 에미의 피부와 뼈를 뚫고 들어가 심장을 어루만졌다.

'어머……어……' 하고 내 의식이 놀라서 아찔해진 사이, 조금 후에 "엄마" 하고 부르며 에미가 방안에서 걸어나오는 것이

명상으로 하는 태교와 육아

아닌가.

너무 놀라 감았던 눈을 뜨고 보니 마치 주검처럼 누워 있었던 에미가 아무 일 없었다는 듯이 미소까지 지으며 서 있었다.

집안 어디를 둘러봐도 명상 속에서 보았던 그림자는 흔적도 없었다. 그럴 수밖에, 그림자는 이 현실에서, 육신의 눈으로 볼 수 없는 존재니까. 그렇게 속삭이며 내 딸아이를 힘껏 안아주었다.

명상은 나의 백, 세상 사는데 두려운 것이 없다!

나는 명상 속에서 지혜를 가르쳐주시는 관세음보살님을 만난다고 말했다. 관세음보살님은 불가사의한 힘으로 곤경에 처해 있는 나를 도와주시기도 하지만, 우매함에 빠져 헤매일 때는 나를 장군 죽비로 호되게 때리시기도 한다.

실제로 명상을 하는 동안 몸과 마음이 흐트러질 때, 누군가 뒤에서 내 어깨와 등을 탁탁 세게 내려치곤 한다. 그 순간에 몸은 편해지면서 등이 쭉 펴지고 호흡이 아주 편해지곤 한다. 그리고 마음은 이루 말할 수없이 조용해지고 우주 속으로 공기와 함께 번져 가는 듯하면서 무념으로 들어가곤 한다.

처음에는 깜짝 놀라 눈떠 뒤돌아보았지만 등뒤에는 아무도 없었다. 그런데 어느 날은 참으로 궁금해졌다. 도대체 관세음보살님은 어디에서 오시는가. 불경에서처럼 저 멀리 수미산에서 살고 계신가. 그럼 수미산은 어딘가. 티베트인들이 믿는 것처럼 히

명상태교 경험담

말라야 어느 깊은 산 정상에 있을까. 아니다. 부처님은 내 마음 속에 숨어 계시다가 마음이 고요해지고 평화스러워지면 조용히 올라오셔서 나를 가르치는 것을 알았다.

나는 이 해답의 실마리가 되는 일을 현실 속에서 찾았다. 내가 외국에 있을 때 직접 들었던 실화가 바로 그것이었다. 내용은 이렇다.

엄마가 어린아이를 데리고 길을 가고 있었다. 걸음마를 떼고 이제 막 뛰기 시작한 어린아이의 손을 꼭 붙들고 엄마는 사고라도 날까봐 조심스럽게 길을 갔다. 하지만 아이는 순식간에 엄마의 손을 놓고 거리로 뛰어나갔고, 그 순간, 달려오던 트럭이 아이를 치고 말았다. 아이는 트럭에 깔려 신음하고 있었고, 사람들은 웅성댔다. 사람들도 무척 놀랐을 것이다.

그런데 사람들을 더욱 놀라게 한 일이 벌어졌다. 정신이 아득해져 망연해 있던 아이의 엄마가 신음하던 아이를 보다못해 트럭을 번쩍 들어올리는 것이 아닌가.

이 일은 정말 있었던 일이다. 엄마가 괴력을 발휘해 트럭을 들어올린 덕분에 아이의 생명을 건졌다고 한다. 엄마의 괴력은 절체절명의 순간에는 트럭도 들어올린다.

꼭 이런 괴력이 아니더라도 엄마들은 자식이 아플 때, 아무리 다 큰 자식이라도 맨발로 아이를 업고 몇 십리를 달려갈 수 있다. 이런 경우는 허다하지 않은가. 그때만큼은 마치 영화의 주인

공 총알 탄 사나이처럼, 육상선수가 부럽지 않게 지칠 줄 모르고 뛸 수 있다.

엄마의 경우뿐만 아니라 우리 자신도 나도 모르는 사이, 무언가를 향한 절실함이 있으면 이상한 힘이 솟아나는 경우가 많다.

그렇다면 이런 힘은 어디서 나오는 것일까. 결론은 우리 마음의 힘이다. 마음 한번 먹으면 못할 것이 없다는 옛말처럼, 마음은 괴력을 넘어 상상을 초월하는 힘을 잠재하고 있는 것이다.

그 후 '마음'이라는 것을 화두로 명상을 하면서, 명상 속에서 만나는 여러 가지 모습의 관세음보살님은 바로 내 마음이었구나, 하는 귀중한 사실을 깨닫게 되었다.

에미가 심장발작으로 쓰러져 있을 때, 에미의 심장을 어루만져 고쳐준 그 그림자는 바로 내 마음의 힘이었다. 마음을 3차원에 불과한 이 좁은 현실에 가둬두지 않고, 저 드넓은 우주공간으로 풀어놓았더니 그 힘이 그토록 커진 것이다. 당연한 일이다. 마음이 곧 우주가 됐으니 티끌 같은 세상일쯤이야 얼마든지 해결할 수 있는 것이다.

옛날 도인들이 축지법을 써서 시공을 넘나드는 일, 중국 무협영화에서 봤듯이 무공이 뛰어난 강호의 무림들이 물위를 걷고 허공을 날아다니는 일, 이런 일들은 마음 수련을 해서 집중되어 하나로 응결된 마음의 힘을 발휘했기 때문에 가능했던 것이다.

몸이 축지법을 쓰고 물위를 걷는 것이 아니고, 마음의 힘이 육

명상태교 경험담

신을 그렇게 만드는 것이다. 마음의 힘이 이럴진대, 이러한 사실을 안다면 이 세상 무엇이 두려우랴.

자, 엄마가 되는 일이 보통 힘든 일이 아니라고 해도, 마음의 힘을 기른다면 뭐가 힘들까. 마음의 힘으로 태아와 이야기도 나눌 수 있게 되고, 마음의 힘으로 태아의 재능을 살려줄 수도 있게 되고, 마음의 힘으로 아기의 고통도 없애줄 수 있게 되고, 마음의 힘으로 내 자식의 미래를 밝게 가꿔줄 수도 있게 되는데, 엄마 노릇이 뭐가 힘들 것인가.

또, 치열한 경쟁사회에서 살아남는 일이 아무리 힘들다해도 마음의 힘으로 일한다면 무엇이 힘들까. 마음의 힘으로 무슨 일이든 즐겁게 일할 수 있고, 마음의 힘으로 무슨 일이든 지혜롭게 해결할 수 있다면 그까짓 승진이야 무엇이 문제랴. 또 승진을 못한다고 해도 그것에 쪼잔하게 얽매이지 않고 편하게 살 수 있으니 무엇이 대수인가.

말이 너무 쉬운가. 그렇다. 말은 정말 너무 쉽다. 이렇게 말을 쉽게 하기 위해서는 평생 명상을 해야 할 것이다. 몇 십년 도를 닦은 스님네들도 어렵다고 하니까.

하지만 분명한 것은 명상을 하다보면 세상 두려운 것이 조금씩 사라진다고 하는 것이다. 왜냐하면 명상을 하면 내 뒤에 관세음보살이 계신 것을 알 수가 있는데 이쯤이면 명상이 세상 사는데 정말 든든한 백이 된다고 할 수 있지 않은가!

명상으로 하는 태교와 육아

명상으로 미리 보는 내 아이

명상으로 마음의 힘을 얻으면 자기에게 올 자식의 인연도 알 수 있다.

불교에서는 식이 맑으면 삼생의 인연을 알 수 있다고 한다. 굳이 어려운 말로 식이라고 할 필요없이 그것을 마음으로 이해하면 될 것이다.

오랫동안 명상을 하면 심성이 맑고 마음자리가 깨끗해져서 명상을 하거나 꿈속에서 앞으로 찾아올 자식을 만난다고 한다. 나는 불행히도 아이를 낳은 후에 명상을 시작하여 그런 경험을 하지는 못했지만, 내 주변에도 결혼 전부터 열심히 명상태교를 해온 여성들을 보면 마음이 맑아서인지 대부분 이런 경험을 했다고 말한다.

30대 초반의 C 여인은 우리 나라에서 내놓으라고 하는 명문대를 졸업하고 방송계에서 일을 하는 인텔리 여성이다.

그녀는 대학시절부터 불교와 선(禪)의 세계에 매료되어 명상을 하기 시작했다. 특별히 명상센터에 나가지는 않았지만 하루하루 틈나는 대로 조금씩 명상정진을 해오다가 어느 날은 참으로 신비한 체험을 하게 됐다.

처음에는 검은 점 하나가 점점 커지더니 조금씩 사내아이의 형상으로 바뀌어 자기 앞으로 다가오는 것이 아닌가. 그 아이가 바로 눈앞으로 다가온 순간, 그녀는 그 아이의 얼굴을 아주 뚜렷

명상태교 경험담

이 볼 수 있었다. 명상을 마치고 눈을 뜬 후에도 아주 오랫동안 마음속에서는 무언가 모를 기쁨으로 차 올랐다.

그녀는 그 때의 체험이 너무나 인상 깊어서 몇 년이 지나도록 잊을 수 없었고, 도대체 그 아이는 누구일까, 전생에 무슨 인연이 있었을까, 하고 문득문득 떠오를 때가 많았다고 한다.

그 해답은 십년 가까운 세월이 흘러 그녀가 결혼을 해 아이를 낳으면서 풀리게 됐다. 자신이 낳은 아들과 그때 명상 속에서 만났던 사내아이의 얼굴이 너무나 똑같았던 것이다.

그녀는 말한다. 참으로 신비한 인연이라고.

그 당시 지금의 남편을 만나 연애를 하고 있었다면 그 아이의 얼굴이 아들과 닮았어도 우연이려니 생각했을텐데……. 남편을 만난 것은 그로부터 몇 년 후였다. 결국 그녀는 명상으로 얻은 맑은 마음으로 다가올 인연을 미리 만났던 것이다.

40대 후반으로 화가로 활동 중인 H여인도 아주 비슷한 체험을 했다.

지금으로부터 이십여 년 전, 대학교 2학년 때의 일이다. 딸부잣집 막내딸인 그녀는 평소 독실한 불교신자였던 첫째 언니를 무척 좋아해, 어릴 적부터 언니를 따라다니며 절에 가거나 스님을 만나곤 했다.

언니처럼 독실한 불교신자는 아니었지만, 기도를 하고 있으면 너무나 마음이 편해지고 깨끗해지는 것 같아 그녀는 기도하는

명상으로 하는 태교와 육아

시간을 무척이나 좋아했다.

그 날도 언니를 따라 송광사를 찾아가 여느 날처럼 법당에 앉아 기도를 올리고 있었는데…… 어떤 사내아이가 펄쩍 뛰어올라 자기 앞에 나타나는 것이 아닌가. 하도 신기하여 손으로 그 아이를 잡으려고 하자 "아직은 아니에요. 조금 더 기다리세요!"하면서 다시 펄쩍 뛰어올라 어딘가로 순식간에 사라졌다.

어……어……하면서 눈을 뜨니 법당 앞 부처님만 언제나처럼 미소를 짓고 계실 뿐, 아이는 없었다. 하도 신기한 체험이라 잊지 않고 있었는데 역시 그녀도 아들을 낳은 후에 그 체험의 의미를 깨달았다고 한다.

나는 그녀에게 물었다.

"아드님이 무척 머리가 좋고, 어디를 가도 착하고 똑똑하다는 소리를 듣죠?"

그랬더니 그녀는,

"내 아들이야 어딜 내놔도 의젓하죠. 지금은 서울대 상대를 다니고 있구요. 과외공부 한 번 시켜 본 적이 없어요. IQ도 140이 넘구요."

하며 아주 자랑스러운 듯 미소지었다.

엄마가 명상을 오랫동안 해왔으면 아이들은 십중팔구 머리가 좋은 게 특징이다. 이러한 점은 내가 명상지도를 하면서 무척 확실하게 알게 된 사실이다.

명상태교 경험담

일본에서는 이미 태몽이나 명상 속에서 자기의 아이를 볼 수 있다는 사실에 대해 대단히 큰 관심을 갖고 연구하고 있다. 그러한 사례를 모아 책으로 출간된 적도 여러 번 있는데 그 중에서 가장 보편적인 내용으로 몇 가지를 소개하겠다.

요코하마시에 사는 임신 5개월인 가네다 씨는 태어날 아기의 이름을 벌써 지었다. 이름은 미짱.

이 미짱이란 이름은 가네다 씨가 지은 것이 아니라, 뱃속에 있는 아이가 직접 지었다고 한다. 어떻게 그럴 수 있느냐고 하겠지만, 가네다 씨에게는 틀림없는 사실이다.

가네다 씨는 첫째 아이를 낳은 후부터 명상을 시작했다. 그런데 둘째 아이를 임신하기 6개월 전쯤, 명상 중에 꿈과 같은 무의식의 상태에서 한 아기를 만났다. 그때 아기가 자기 이름이 미짱이고, 곧 엄마에게로 갈 것이라고 말해주었다.

그 후에도 명상 중에 그 아기는 자주 등장해서, 자신의 성별에서 자기가 가네다 씨네를 가족으로 하여 태어나는 이유까지 말해주었다고 한다. 가네다 씨 부부는 전생에 미짱(태어날 아기)에게 신세를 많이 지었고, 미짱은 두 사람에게 이생에서 보답할 기회를 주기 위해 태어난다는 것이었다.

어떤 날에는 이런 메시지도 남겼다고 한다.

"좀더 반성하세요. 감사하세요. 그렇지 않으면 엄마 뱃속으로 들어가지 않을 거예요."

명상으로 하는 태교와 육아

이런 체험을 한 가네다 씨는 소위 신기가 있는 무당도 아니요, 종교에 미쳐 있는 사람도 아니다. 그저 평범한 가정주부로, 명상을 오랫동안 실천해왔을 뿐이다.

일본뿐 아니라 최근 서양에서도 이러한 사례를 두고 연구가 이루어지고 있다.

몇 년 전 독일에서 T부인의 경우에는, 임신 전 꿈속에서 18살 된 청년이 자신에게 말을 걸어왔는데, 그 모습이 그 후 태어난 아들과 똑같았고, E부인의 경우에는 둘째 아이 이름을 다니엘이라고 지으려고 하자 며칠 후 꿈에서 검은 구름으로부터 큰 목소리가 들려와 자세히 들어보니 "나는 다니엘이 아니고, 데이비드야"라고 말했다는 것이다.

이렇게 거짓말 같은 이야기들이 실제로 모두 있었던 일이다. 실제 이런 일들은 명상 속에서 아주 확실한 영상으로 떠오른다.

혹자는 그냥 꿈에 불과한 것을 확대 해석하는 것이 아니냐고 물을 때도 있다. 하지만 여러분도 체험을 해보면 알겠지만, 꿈을 꾸고 나면 대부분의 사람들이 "꿈이었구나" 하고 자연스럽게 느껴지지만, 명상 속에서 영상들을 볼 때면 "아, 이건 분명 꿈이 아니구나" 하는 확신이 그대로 들게 된다.

명상을 하고 있으면 내 식[마음]이 잠들어 있는 것이 아니라 깨어 있는 상태이기 때문에 그것이 꿈인지 아닌지 확실하게 분간해낼 수 있는 것이다.

명상태교 경험담

설사 진짜 꿈을 꾼다해도 마음이 맑은 사람들은 무의식의 꿈을 통해 태아를 만나게 되는 경우가 많다. 실제로 내가 출연했던 방송프로그램의 PD는 임신 전 꿈속에서 자기의 품속으로 다가오던 아기가 실제 태어난 아들과 똑같이 생겼다고 한다. 아직도 이것이 우연이라고 생각하는가.

태아는 엄마의 마음을 알고 이해할 수 있는 능력이 있다
태아와 엄마는 미세한 호르몬 하나까지 공유한다. 예를 들어, 산모가 힘들어하거나 슬퍼하면 뇌에서 놀아드레날린이나 아드레날린이라는 호르몬이 분비된다. 이 호르몬들이 지나치게 많이 나오면 혈액순환에 문제가 생기고, 심장박동수가 빠르게 된다.(하지만 일상생활에서 적당한 긴장감과 스트레스를 통해 베타파가 알맞게 분비되면 오히려 일에 대한 활력소를 얻을 수도 있다) 불안·초조·정서불안이나 스트레스에 시달리면 이러한 호르몬이 많이 나오게 된다는 것은 이미 많은 사람들이 알고 있다.

이렇게 되면 산모와 탯줄로 연결된 태아의 심장박동수도 빨라지고, 아드레날린 호르몬이 불안과 부정적인 생각에 의해 화학적인 반응을 일으켜 독성으로 변해 독성이 태아에게 그대로 흘러 들어간다. 이러한 호르몬의 독성은 임산부보다 태아는 몸 전체로 받기 때문에 그 영향은 어른보다 몇 십 배로 더 받는 것이다.(이 독성은 독사의 독 다음으로 강하다고 한다. 태반에는 기본적으

명상으로 하는 태교와 육아

로 독성을 방어할 수 있는 면역성이 있지만 독성이 빈번하게 유입되면 점차 면역성이 떨어지게 되고 더 심하면 유산의 위험까지 갈 수 있다)

그 결과, 태아도 심리적으로 불안해지고, 그것은 단기적으로는 신체적인 불편함을 야기시켜 찡그리거나 뒤틀리게 만들며, 장기적으로는 정서불안까지 불러일으킨다. 또한 이것은 태아가 태어나서 성장을 해도 반드시 평생 건강에 영향을 주게 된다.

태아가 산모의 마음상태와 육체적인 컨디션을 그대로 반영한다는 사실은 화학적인 반응으로도 설명되지만, 그와 함께 태아는 초능력에 가까운 힘으로 엄마의 마음을 읽는다고 말할 수 있다. 그러한 사실을 입증해주는 일은 우리 주변에서도 많이 일어난다.

나의 남동생 부부도 그와 같은 체험을 했다. 동생은 결혼한 후 5년이 지나서야 첫째 딸을 낳았다. 그것도 미국의 유명한 산부인과에서 십만 불을 들이고, 올케는 열 달 동안 집 밖 출입을 하지 못할 정도로 너무나 힘들게 낳은 결과였다. 첫아이를 낳고 의사들은 동생 부부에게 둘째아이는 꿈도 꾸지 말라고 쐐기를 박았다. 그렇게 5년의 세월이 흐르는 동안 집안어른은 물론 동생부부는 둘째 아이를 간절히 원했다. 하지만 의학적으로는 가능성이 전혀 없었다. 그러던 중 파계사 주지스님을 우연히 만났고, 기도를 하게 되었으며, 기도를 시작한지 3개월, 기적처럼 올케는 임신을 할 수 있었다.

명상태교 경험담

몇 년 간 시간과 돈을 투자했어도 안 되던 임신이 3개월 동안의 간절한 기도로 이루어진 것이다. 그렇게 간절히 기다리던 임신이 이루어지고 그 동안 행복한 임신 나날을 보내던 그들에게서 갑작스럽게 우울한 소식이 날아들었다.

한밤중에 난데없이 전화벨이 울렸다. 잠이 덜 깬 목소리로 전화를 받아보았더니 올케의 시무룩한 목소리가 전해왔다.

"형님, 오늘 병원에 다녀왔는데요, 아무래도 제왕절개를 해야 할 것 같아요."

올케의 아이는 뱃속에서 거꾸로 돌아앉아 있었다. 그 사실을 알고 난 후 산일까지 병원에서 시키는 대로 해보았지만 아기가 자세를 바꿀 생각을 하지 않았다. 의사도 포기한 모양이었다. 하지만 나는 포기할 수 없었다.

"제왕절개라니…… 제왕절개가 아기한테 얼마나 좋지 않은 줄 알면서……. 아기에게 호소를 해봐. 기도를 하면서 아기에게 사정을 말하고, 너를 위해서 제왕절개는 피하고 싶다고 엄마의 진실되고 간절한 마음을 전해보면 틀림없이 아기가 돌아서 줄 거야."

"그렇다고 되겠어요…… 형님도 참……."

올케의 반응은 병원에서도 안 된다는데 무슨 수로 며칠 만에 애가 돌아서기를 바라느냐는 것이었다. 하지만 올케는 말은 그렇게 했어도 여간 열심히 하는 게 아니었다. 근 일주일 동안 바

명상으로 하는 태교와 육아

같출입까지 삼가고 진심으로 기도만 올렸다.

결과는 어떻게 됐을까.

출산을 일주일을 앞두고 아기는 기적처럼 돌아섰다. 병원에서도 있을 수 없는 일이라며 놀라움을 감추지 못했다. 올케는 아무 탈 없이 자연분만을 했고, 지금까지 아기는 무척 건강하다.

나는 산후조리를 하는 올케에게 물었었다.

"아기에게 뭐라고 빌었어?"

올케는 환하게 웃으며,

"아가를 너무 사랑한다고, 그리고 아가도 엄마를 사랑한다고 진심으로 믿는다고 했죠. 그리고 부탁했어요. 제왕절개가 아가에게는 좋지 않은 점이 너무 많아서 엄마는 차마 아가를 위해서 제왕절개를 하고 싶지 않다고. 제발 엄마가 자연분만 할 수 있도록 도와달라고! 그 말만 계속 되풀이했죠. 눈물나도록……."

태아는 엄마의 간절한 부탁을 외면하지 못했던 것이다. 그 좁은 뱃속에서 저 나름대로 얼마나 힘들게 돌아앉았을까. 정말 그 고마움에 눈물겹지 않은가. 사람들은 이 일을 기적 같은 일이라고 말했다.

하지만 이 일은 절대 기적이 아니다. 단지 태아가 엄마의 마음을 알고 이해했기 때문에 얼마든지 가능한 일이었다. 그렇게 태어난 나의 조카는 지금 너무나 똑똑하고 건강하게 잘 자라고 있다.

명상태교 경험담

임신 · 출산 · 육아에서 이런 일은 흔하게 일어날 수 있다. 단지, 모르고 지나갈 뿐이다. 만약 임신 중에도 바깥일을 해야 하는 산모라면 하루에 한번씩 이렇게 얘기해봐라.

"오늘은 엄마가 일이 너무 많아서 짜증이 많이 났다. 그래서 심통도 많이 부리고 사람들도 많이 미워했는데 엄마의 이런 잘못을 아가가 잘 이해해주렴."

또는, 무심한 남편이나 얄미운 시어머니 때문에 마음 고생이 심하면 이렇게 이야기해 주면 어떨까!

"엄마가 섭섭한 것이 있어서 미워하는 마음이 생기는데, 어떻게 하면 좋지. 엄마는 이러한 마음을 갖지 않도록 할게. 엄마의 이러한 마음은 미운 마음이야. 엄마는 반성하고 있어."

그러면서 진심으로 그러한 마음을 바꾸려고 노력을 하는 것이 중요하다. 욕심과 화내는 마음, 어리석은 생각은 곧바로 아기의 마음을 다치게 하고 영원한 마음의 상처로 남아서 아기의 성격을 바꾸게 하는 결과를 초래한다는 것을 한 순간도 잊어서는 안 된다.

전기로 예를 들자면 태아는 발전소에서 막 만들어진 1000V전류이고, 엄마는 이미 많은 전기를 소모시킨 100V전류라고 할 수 있다. 이것은 다시 말해서 마음에 먼지와 때가 없으면 영혼이 맑아서 투명한 상태를 말하는 것이다.

100V의 마음으로 태아의 1000V 마음을 읽을 수는 없다. 그래

서 엄마는 태아의 상태인 1000V에 가까워지기 위해 태교를 통해 새로운 에너지를 채워야 하는 것이다.

부모와 자식의 인연은 7생의 인연
두 살 터울의 두 아들을 둔 어떤 엄마의 이야기다.

독실한 불교신자였던 그녀는 조금 독특한 태교를 했다. 그녀의 태교는 임신 사실을 알고 난 후부터 하루도 빠짐없이 부처님 전에 기도를 했던 것.

그녀는 첫 아이를 갖고 나서는 매일같이 이렇게 기도했다고 한다.

"꽃처럼 예쁘고, 순한 양처럼 온순하게 태어나게 해주세요!"

그녀의 첫아들, 우연인지 그녀의 기도처럼 누가봐도 인물이 준수하고, 성격도 무척 조용하고 온순하다고 한다.

그런데 지나치게 소심하고, 무엇보다도 아이답지 않게 부모에게 정을 주지 않았다고 하는데, 아들이 네 살 되던 해, 애간장을 태우던 그녀는 어느 날 큰스님을 찾아갔다.

"큰스님, 우리 아이는 왜 그럴까요?"

"……"

"도대체 저에게 무슨 문제가 있나요? 스님……대답해주세요!"

"……"

"스님……."

명상태교 경험담

"아들이 네 살이라고 했나요?"

"예……."

"그럼 아무것도 묻지 말고, 아이가 들어줄 때까지 엄마가 미안하다고, 용서해달라고 말을 해보세요! 그럼 아이가 무슨 말을 할 거요!"

그날부터 그녀는 아이의 눈을 똑바로 보며 스님의 당부대로 해보았다.

"미안해, 엄마가…… 엄마를 용서해다오!"

"……."

아이는 대답 대신 애써 피하기만 했다. 아들의 반응은 참으로 이상했다. 여느 아이라면 "엄마, 무서워" 또는 "엄마, 왜그래?"라고 반응을 보였을텐데 아이는 애써 피하기만 한 것이다.

그 다음날도 마찬가지였다. 그렇게 며칠이 지난 후, 그녀는 아주 단호하게 아들의 어깨를 잡고 말했다.

"엄마가 미안해, 이제 그만 용서해줘!"

"……."

그 말을 들은 아들의 눈에는 눈물이 가득 고였을 뿐, 대답이 없었다.

"엄마가 미안해, 이제 그만 용서해줘!"

그러자 아들은 눈물을 흘리며 외쳤다.

"난, 절대 용서 못해. 용서할 수 없어!"

명상으로 하는 태교와 육아

그녀는 어이가 없었다. 네 살바기 아이가 그렇게 단호하게 용서할 수 없다고 말할 수 있다니, 믿어지지 않았다. 그런데 더 이상하게도 그녀 자신이 정말 아들에게 큰 잘못을 저질렀었고, 진심으로 아들이 자신을 용서해주길 바라는 마음이 드는 것이었다.

아들과 그녀는 서로 부둥켜안고 하염없이 눈물을 흘렸다. 그 일이 있은 후 그녀는 스님을 찾아가 있었던 일을 말씀드렸다.

그러자 스님은 이렇게 말씀하셨다.

"부모와 자식간은 몇 겁의 인연으로 맺어진 것이에요. 그 인연 속에서 서로에게 용서받을 잘못을 저지르기도 하고, 또 은혜를 베풀기도 하죠. 같은 부모에게서 나온 자식들이라도 어떤 자식은 부모에게 은혜를 갚기 위해 태어나지만 또 어떤 자식은 부모가 은혜를 갚고 용서를 빌어야 하는 인연도 있답니다."

그 일이 있고 난 후 그녀의 아들은 놀랍게도 엄마 곁을 한시도 떨어지지 않는 사랑스런 아기가 되었다.

그 후로 그녀는 명상을 하기 시작했다. 일년, 이년, 삼년······ 오랫동안 명상을 하면서 그녀는 그토록 아이가 자신을 용서 못하겠다며 울부짖었던 이유를 알게 되었다. 명상의 마음속에서 아들과 자신의 전생에서의 인연을 보았기 때문이다.

명상의 참 의미를 이해하지 못하는 사람들은 어쩌면 이 이야기를 믿지 못할 수도 있지만, 그들이 믿든 안 믿든 실제 명상을

명상태교 경험담

하면서 이런 경험을 하는 사람들이 생각보다 많다. 물론 명상이 전생을 보기 위해서 하는 것은 절대 아니다. 오히려 전생·인연…… 이 모든 것을 초월하기 위해 하는 것이며, 간혹 이러한 현상들은 더 높은 명상의 경지로 가기 위한 과정임을 먼저 알려두고 싶다.

그렇다면 본론으로 들어가서, 부모와 자식의 인연은 수많은 인연 중에서 가장 오묘하고 신기한 인연이 아닐 수 없다.

불교에서는 물론 동양권 나라에서는 부모와 자식의 인연은 7생을 거듭하며 만난 깊고도 깊은 인연이라고 믿는다. 이 생에서는 부모이지만 다음 생에서는 거꾸로 자식이나 손자로 태어날 수도 있다. 또 같은 자식이라도 전생의 인연에 따라 빛을 갚기 위해 온 자식이 있는가 하면 반대로 부모가 은혜를 갚아야 하는 인연으로 온 자식도 있다.

불교경전에도 이런 부모 자식의 인연에 대해 등장한다.

부처님은 이러한 말씀을 통해 인간으로 태어나서 부모 자식의 인연이 얼마나 소중한 것이며, 그렇기 때문에 어떠한 마음으로 인연을 가꿔나가야 함을 가르쳐주시려 한 것이다.

인생의 수많은 인연 중에서 부모 자식간의 인연만큼 가장 많이 울고, 웃고, 성내고, 사랑하는 인연은 없을 것이다. 그래서 번뇌의 근본이 되기도 하고, 특히 자식에 대한 사랑 속에는 욕심과 애착이 강하게 작용하기도 한다.

부모와 자식 사이에 연결된 이 인연은 생을 거듭하며 어쩔 수 없이 돌아가는 마음의 흐름이요, 인연의 강물이다. 그런데 한 가지 명심해야 할 것이 마음의 흐름이 인연의 강물에 휩쓸리지 않도록 노력해야 한다는 것이다. 가장 소중한 인연을 위하여 집착과 애착을 갖게 되면 악연으로 변하기 때문에 오히려 가장 소중한 인연일수록 마음을 잘 다스려야 한다.

부부가 되어 자식의 인연을 기다릴 때부터, 누구보다도 이 마음 다스리기를 잘해야 할 것이다. 자식이 오기 전에 미리부터 마음을 다스려놔야 훗날 자식의 인연이 왔을 때 그 인연을 바로 대할 수 있게 되기 때문이다.

7생을 거듭하며 만나는 인연이 바로 부모 자식의 인연이라면, 그 얼마나 길고 깊은 인연인가. 마음을 다스릴 줄 몰라 그 인연에서 어긋나는 일이 생기면 바로 7생을 통해 그 고통이 계속되는 것이다.

우리 부모 자식간의 인연을 위해 이렇게 되뇌어보자.

세상에는 내가 꽃이 되어주는 인연이 있고, 또 반대로 내가 뿌리가 되어주는 인연이 있다. 그 인연을 위해 좋은 밑거름은 바로 사랑과 책임감이며, 그 사랑과 책임감은 철저히 꽃과 뿌리처럼 서로에 대한 집착이 존재하지 않으면서도 대자연의 섭리에 따라 부드럽고 자유롭고 지혜롭게 이루어지는 것임을…….

명상태교 경험담

부모의 원력(願力)과 육바라밀 실천수행으로 태어나는 2세

내가 아는 재성이라는 아이는 벌써부터 또래 친구들은 물론 이웃 어른들에게 인기를 한 몸에 받고 있다.

이제 겨우 세 살된 아이가 잘생겨서, 또는 매너가 좋아서…… 인기가 좋은 것은 물론 아니겠고, 곰곰 그 아이를 생각해보니 눈에 확 띄지는 않아도 뭔가 특별한 점이 몇 가지가 있었다.

먼저 그 아이는 기저귀를 차지 않는다. 다른 아이들이 무거운 기저귀를 차고 뒤뚱뒤뚱하고 다닐 때 그 아이는 아주 가볍고 맵시 있게 다닌다.

그 아이의 엄마는 태어나서부터 기저귀를 채우지 않았다. 아이들이 스트레스를 받는다며 기저귀를 채우지 말라는 스님의 당부대로 엄마는 기저귀를 채우지 않았고, 그 덕분에 아기는 4개월 때부터 대소변을 가렸다고 한다.

그 아이는 울고 보채는 일도 없다고 한다. 몇 시간을 엄마가 다른 일에 정신이 팔려 있어도 자기에게 관심을 가져달라고 조르거나 떼쓰지 않는다. 뭐든지 스스로 하려고 하다가, 그것이 잘되지 않을 때만 엄마를 부른다. 또, 엄마가 감기에 좋다는 돌미나리를 갈아서 먹여도 안 먹겠다고 울거나 떼쓰지 않는다.

세 번째, 그 아이는 아기 때부터 간디와 아인슈타인을 너무나 좋아한다.

네 번째, 그 아이가 특별한 이유는 아이답지 않게 남을 배려하

명상으로 하는 태교와 육아

는 마음이 있다는 것이다. 손님이 와서 주스를 내올 때, 받침을 꺼내 컵을 받쳐오기도 하고, 밥을 먹다 밥풀이라도 흘리면 어느새 휴지를 가져와 그 작은 손으로 직접 닦아준다.

또래 친구들과 함께 놀 때도 여자아이들을 먼저 자리에 앉히고, 어려운 일이 있는 친구들을 적극적으로 돕는다. 이 모든 행동들이 누가 시켜서 하는 일은 절대 아니다.

생각해보면 그 아이가 특별한 이유는 이밖에도 참 많다. 그 아이가 특별하다고 해서 천재이거나 재능이 많은 신동이라는 얘기는 아니다. 하지만 그 아기가 지닌 특별한 점들은 천재나 신동보다 훨씬 더 좋은 점들이라고 생각한다.

그런데 이렇게 특별한 아이가 있기 위해서 특별한 부모가 있었다. 법무관으로 일하는 아버지는 주변 사람들로부터 '아름다운 왕따' 라고 말할 정도로 생활이 단정하다. 판사에게 바치는 뇌물은커녕 남에게 음료수 한 잔이라도 얻어 마시지 않으려는 곧은 심성에, 고기 많고 술로 넘치는 흥청망청 회식자리에는 절대 끼지 않는다.

그의 아내도 미국에서 유학까지 하고 돌아온 미술계 재원이었지만 결혼을 앞두고부터는 태교를 위해 자신의 공부를 포기했다.

이 부부는 원력소생으로 아이를 낳았다. 원력소생이란 부모가 아기가 잉태되기 전부터 맑은 마음으로 기도하고 수행을 해서

명상태교 경험담

맑은 영혼의 2세를 맞아들이는 일이다.

그들은 또 스님의 권유대로 육바라밀 태교를 했다고 한다.

육바라밀이란 부처님이 중생들이 실천해야 할 바른 도리로써 제시해놓은 생활지침으로, 지혜(知慧)·인욕(忍欲)·선정(禪定)·지계(持戒)·보시(布施)·정진(精進) 등 여섯 가지 덕목이다. 각 덕목에 담긴 한자를 풀이해보면 알 수 있듯이 육바라밀은 비단 종교적인 수행방법을 떠나서 부모가 아기를 낳고 기르는데 꼭 필요한 정신적인 지침이다.

그 아이의 부모는 이 지침들을 실천하기 위하여 자기들 나름대로 태교생활지침도 만들어서 함께 실천했다. '매일매일 꼭 기도를 한다', '욕심내지 않는다', '생활을 단순하게 한다', '고기를 먹지 않는다', '휴일에는 함께 산사(山寺)에 간다', 이런 태교생활 지침을 실천하면서 엄마는 매일 하루종일 불교경전(≪법화경≫ 관세음보살 보문품)을 읽었다고 한다.

이렇게 열심히 태교를 했으니 아이가 다른 아이들보다 특별한 것은 당연할 것이다.

그들은 심성이 무척 착할 뿐만 아니라, 선지식의 좋은 말씀을 믿고 따르는 지혜가 있었다. 사실 심성이 괴팍하거나 옳은 것에 대한 믿음이 없으면 아무리 좋은 태교방법을 들어도 몸소 실천하지 못한다.

하지만 그들은 무조건적인 믿음과 착한 심성으로 좋은 말씀

명상으로 하는 태교와 육아

그대로를 자기들 생활로 만들었다. 그러다 보니 좋은 2세를 바라지 않아도 아주 훌륭한 2세를 얻게 된 것이다. 주변에서 아이가 특별하다며 나중에 뭘 시키고 싶으냐고 물을 때마다 그 아이의 부모는 이렇게 대답한다.

"부모가 세상살이 좀더 먼저 했다고, 부모 틀에만 맞추려고 하면 되나요. 뭔가 시키려고 마음먹은 적 한 번도 없어요!'

그들의 곱고 바른 생각을 보면서 나는 모든 엄마들에게 이렇게 말해주고 싶었다.

"쓸데없는 잔가지에만 신경 써 아이들 버리지 말고, 이들처럼 자기 뿌리를 튼튼히 하라"고.

명상과 나의 삶

명상이 내게 준 새로운 삶

조그마한 유리 상자 속에 몸과 마음이 갇혀 있으니 얼마나 힘들었나.

왜 그렇게 몸과 마음을 웅크리고 있을까.

가슴을 펴고 깊은 호흡을 하며 그 상자 속에서 뛰쳐나갔으면.

그 속에서 무엇을 생각하며 무엇을 할 수 있습니까.

그 속에서 무엇을 생각한들, 또 무엇을 한들, 영원한 것이 있겠습니까.

내가 만들어낸 관념과 생각에 내 몸과 마음을 다그치며 찢으면서

또 그 상자 속에서 웅크리고 있군요.

명상태교 경험담

이것이 현실이고, 이것이 업이라면서……

우리 마음이 만든 유리상자의 뚜껑만 열 수 있다면

아름답고 넓은, 영원한 만다라의 세계에서

가볍게 훨훨 날아다닐 수 있는 것을.

저 어리석은 마음이라는 녀석을 어이 할꼬.

-≪흰 연꽃 피는 소리≫ 중에서 -

나는 가끔 해질 무렵, 황혼이 깊게 물든 시골길을 걸어가고 싶어질 때가 있다. 마음이 갈래갈래 찢어져 괜히 복잡하고 심란할 때 그런 생각이 더욱 간절해진다.

예전에 저녁 무렵 석양을 등지고 걸어가는 농부 할아버지를 보았다. 붉게 물든 하늘을 배경으로 한가로이 걸어가는 할아버지의 실루엣. 한 폭의 그림처럼 그 실루엣은 잊혀지지 않는 영상으로 내 마음속에 새겨졌다. 내가 그때 그 광경 속에 푹 빠져 깨달았던 것은 바로 '무심(無心)'이었다.

하루종일 농사일로 고단했을텐데, 고단한 기색은 조금도 없이 저녁 무렵의 시간과 공간에 동화되어 제 갈 길을 가던 할아버지. 할아버지의 모습 속에는 잡된 생각도 없었고, 못살게 구는 괜한 걱정도 없는 것 같았다. 그저 곱게 물든 가을 저녁이 '나' 이고, 또 '너' 가 되는 자연 그대로의 상태였다.

불교에서는 '평상심이 바로 도(道)' 라는 말이 있다. 사된 잡념

명상으로 하는 태교와 육아

에 동요되지 않은, 있는 그대로의 마음이 바로 평상심이며, 평상심을 잃지 않는다면 그 경지가 바로 '도' 라는 것이다.

그런데 어디 이것이 쉬운 일인가. 우리는 쓸데없는 생각들을 참 많이 쌓아놓고 산다. 그러다 보니 마음이 이리 갔다 저리 갔다 도무지 안정을 찾을 수 없다. 한 번 털면 열 갈래 국수 가락이 되고, 두 번 털면 스무 갈래 국수 가락이 되는 자장 국수처럼, 한 번 휘둘릴 때마다 우리 마음도 천 갈래 만 갈래가 된다.

그러다 보니 도무지 행복하다고 느껴지지 않는다. 어떻게 이런 마음으로 저 먼 우주와 자연으로부터 돌아온 새 생명을 잉태할 수 있을까. 우리는 죄책감을 느껴야 하지 않을까.

명상은 이렇게 갈피를 잡지 못하는 현대인들의 마음을 하나로 모아주고, 결국에는 마음 하나마저 거추장스러워서 버려준다. 그래서 명상을 하면 가깝게는 쓸데없는 세상 걱정과 스트레스에서 벗어날 수 있고, 멀게는 맑고 순수한 영혼으로 돌아갈 수 있게 된다.

요즘 서양에서 Zen, 즉 참선과 명상이 유행하는 것은 절대 우연이 아니다. 가을 저녁, 석양과 하나되는 농부할아버지의 '무심', 그 '순수한 집중' 이야말로 복잡다단한 21세기를 정확하고 단순하며 명쾌하게 살아가기 위해 꼭 필요하다고 판단했기 때문이다.

좀 늦은 감은 있지만 최근 우리 나라에서도 명상이나 참선수행

명상태교 경험담

을 하려는 젊은이들이 늘고 있는 것 같다. 아직까지 명상이나 참선은 스님이나 요가수행자들이 하는 것이라는 고정관념이 남아 있기는 하지만, 차츰 그런 고정관념들도 사라지고 있는 추세다.

사실 명상은 하겠다고 마음먹기만 하면 절대 어려운 것이 아니다. 1분이라도 가만히 앉아 있으면 왠지 할 일 없는 인간인 것 같다는 강박적인 사고방식만 버린다면, 얼마든지 시작할 수 있다.

내가 처음 명상을 시작하게 된 것은 지금으로부터 10여 년 전, 홍콩에 있을 때였다. 나는 명상에 대해서 전혀 문외한이었다. 그때만 해도 명상에 대한 대중적인 인식도 없었고, 개인적으로 불교에 대한 믿음이 있었던 것도 아니어서 명상을 할 기회가 전혀 없었다.

그러던 어느 날, 향수병이었는지 된장국이 너무나 먹고 싶어서 친구를 따라 무작정 한국 절에 찾아갔다. 오랜만에 된장찌개와 김치를 맛있게 먹고, 친구들과 살짝 빠져 나가려고 했더니 "언제나 공양만 하고 슬쩍 빠져 나가지 말고 차나 한 잔 하시고 가세요"라고 하시면서 스님께서 말씀을 건네는 것이 아닌가. 거절하는 것도 뭐해 차를 한 잔 마시는데, 내게서 무슨 인연을 보셨는지 스님께서 갑작스런 제안을 하셨다.

"보살님, 이 세상에서 가장 값진 보물을 얻고 싶지 않으세요?"

"스님, 그 보물이 뭔데요?"

나는 그냥 관례적으로 차를 마시면서 관심이 없다는 듯이 물

명상으로 하는 태교와 육아

었다.

"보물이 무엇인지 알고 싶으면 하루에 딱 15분씩만 가만히 앉아 계세요."

"처음에는 단지 아무 생각없이 앉아 있어만 보세요. 그러면 그 보물을 알고 얻을 수 있을 것입니다"라고만 말씀하셨다.

난 돌아오면서 참 궁금했다. 도대체 보물이 뭔지, 아무 생각을 하지 말고 그냥 15분만 매일 앉아보라고 하시는지, 궁금하기도 하여 스님 말씀대로 매일 15분씩 앉아 있었다.

첫날, 15분은 마치 150시간만큼이나 길게 느껴졌다. 눈을 감고 있는 동안 별의별 잡생각이 다 들었다. 저녁반찬은 뭘 할까. 내일 친구와 만나서 뭘 할까…….

이런 저런 잡생각만 하다가 15분이 흘러가곤 했다.

그런데 며칠이 지나면서 15분이 조금씩 짧게 느껴지기 시작했다. 또 앉아 있는 동안만이라도 마음이 편해지기 시작했다. 그러다 보니 어느새 나는 15분을 넘기게 되었고, 30분·1시간 동안을 마냥 앉아 있을 수 있게 됐다.

떠오르는 생각도 그렇다. 처음에는 오만가지 잡생각이 다 생기더니, 점점 듬성듬성 생각을 잊어버릴 때가 생겨났다. 그런 시간이 조금씩 늘어가면서 내 흘러가는 잡생각들이 객관적으로 보이기 시작했다.

"참 가관이구나, 별문제도 아닌데 걱정이 태산이구나……."

명상태교 경험담

흘러 가는 대로 바라보다 보면 현실에 대한 무게는 점점 가벼워져갔고, 속상한 일이 있었어도 속상함에 절절 매는 마음대신 왜 속상했는지, 나부터 반성하게 되었고, 반성을 하다보면 속상했던 일도 무게가 가벼워져 더 이상 걱정거리가 되지 않았다.

그렇게 하루도 거르지 않고 명상을 계속하다보니 나는 어느새 무의식의 세계를 만나게 되었고, 그곳에는 더 이상 '현실의 나'는 없었다.

그 이후 명상으로 얻은 희열과 깨달음은 단순한 말 몇 마디로 표현할 수 없다. 누구든지 다 경험할 수 있는 세계이므로, 직접 그 세계를 만나보았으면 좋겠다.

내 경험으로 보나, 다른 명상수행자들의 경험으로 보나 명상은 어려운 것이 아니다. 명상은 15분 앉아 있는 일부터 시작되며 그 다음은 차근차근 해나가면 된다. 처음 명상을 시작한 15분이 내 인생을 바꾸어놓았듯이 틀림없이 여러분의 인생도 바꾸어줄 것이다.

여러분은 '이 세상에서 값진 보물'을 얻고 싶지 않은가.

명상으로 깨닫는 인연의 힘

모든 사람, 모든 곳, 모든 것에는 인연이 있습니다.

그 모든 인연에 겸손하십시오.

인연은 거미줄과 거미줄 한가운데 있는 거미와 같은 것입니다.

명상으로 하는 태교와 육아

작은 미동으로도 나에게 전해지는 힘이 바로 인연이 되는 것입니다.

그 미동의 크고 작음에 따라 인연의 힘도 크고 작아집니다.

비록 현재 못 느끼고, 느끼고 싶지 않은 것이 있다해도

그 인연을 내치지는 마십시오.

언제 어디서 어느 생에서 나를 인연의 힘으로

흔들어 놓을지 알 수 없기 때문입니다.

모든 줄의 미동이 멈추어질 때 부처를 볼 수 있습니다.

─《흰 연꽃 피는 소리》 중에서 ─

　태교를 생각하기 전에는 반드시 인연에 대한 믿음이 선행되어야 한다. 사람의 삶에서 인연 하나에 따라 인생의 희로애락이 결정되기도 한다.

　그렇다면 이러한 인연은 도대체 무엇이며, 어디에서 시작되고, 어떻게 서로를 연결시키는 것인가 궁금하지 않을 수 없다. 그런데 그 궁금증은 인연이라는 단어 그 자체에 벌써 해답이 들어 있다.

　인과 연, 즉 결과를 만드는 직접적인 원인과 그 원인으로 말미암아 얻게 되는 간접적인 힘이 바로 인연이다. 많은 이들은 이 인연과 우연에 대해 혼동하여 의미를 잘못 알 때가 많다. '이 세상에 우연이 없다' 고 말하면 의아해 할 사람도 많겠지만 이렇게 말한다면 이해가 되지 않을까. 이 세상은 결국 내가 살아가는 이

179

생(불교에서는 현생)을 이야기하는 것인데, 이 생은 어차피 인간 관계 속에서 벌어지는 인연의 연속이며 인연의 연습장이라고도 말할 수 있다.

옷깃만 스쳐도 인연이라고 한 것처럼 이 세상에는 부부·부모와 자식의 인연을 비롯해서 거리를 스치는 행인까지 실로 다양하다. 그렇다면 이 크고 작은 만남들이 모두 인연이라고 설명될 수 있단 말인가.

이 명제를 이해할 수 있기 위해서는 먼저 인연 속에는 반드시 기회가 있고, 그 기회라는 것은 나의 마음과 행위를 이야기함을 이해해야 한다. 내가 마음과 행위를 어떻게 하느냐에 따라 그 파장은 내가 모르는 사이에 어딘가에까지 이르러 영향을 주고 있고, 그 영향은 다시 내 생활에 인연이란 파장으로 다가오게 돼 있다.

이러한 인연법을 난 거미줄에 비유하고 싶다. 나는 무수히 많은 거미줄을 쳐놓았다. 그 거미줄 한가운데 있는 내 자신이 다 보지 못할 정도로 무수히 얽혀 있는 거미줄.

그런데 내가 한 번 거미줄 위에서 악동처럼 뛰고 나면 온통 거미줄은 흔들려서 거미줄에 얽혀 있는 모든 무정·유정의 존재들은 같이 진동을 겪어야 한다. 아마도 도미노게임을 연상하면 이해가 빠를 것이다.

이처럼 내가 알지 못하는 사이에 내 행위, 내 마음에 의해 흔들리는 존재들. 그 존재들이 모두 내 거미줄과 연결돼 있는 인연인

명상으로 하는 태교와 육아

것이다.

이 거미줄 위에 있는 존재들이 저 혼자만 움직일 수 있는 '우연'이라는 것은 있을 수 없다.

실제로 이런 경험은 누구나 일상에서 경험하게 된다. 쉬운 예로 들어, 과자공장에서 일하는 공원이 기분이 나쁜 어느 날, 자기 기분대로 과자모양을 엉망으로 만들었다고 하자. 그렇다면 그 과자는 어떤 아이에게 전해지고, 그 아이는 과자봉지를 뜯자마자 과자모양을 보고 울음을 터뜨리고 만다.

엄마는 그런 사연도 모르고 엄마대로 스트레스에 쌓여 아이의 엉덩이를 후려친다. 아이는 억울해 맞으면서도 울고 또 운다. 그런 일이 아이 마음에 상처가 되어 훗날 성인이 되어서도 엄마에게 서운한 마음을 저 깊은 마음에 담고 있다. 그런데 어찌 알 일인가. 그 아이가 자라 바로 그 공원의 며느리나 사위가 될 수도 있는 일이 아닌가. 그렇게 된다면 그 만남을 우리는 우연이라고 말할 수 있을까. 우연이 아니라 바로 인연이다. 가장 먼저 짜놓은 거미줄에 한 줄 더 짜고, 또 한 줄 더 짜고…….

먼저 짜 놓은 거미줄은 과거가 되고, 지금 짜는 거미줄은 현재이며, 또 내일 짜게 될 거미줄은 미래인 것이다. 그런데 한 번 짜놓은 거미줄은 없어지지 않고 한 칸 두 칸 더 보태져서 함께 존재한다. 그처럼 거미줄은 우리의 과거이고 현재이고 미래이며, 그 안에 인연들은 무수히 많이 존재하게 된다. 과거와 현재·미래

명상태교 경험담

가 이렇게 연결되어 언젠가 인연이 되어서 만난다는 사실을 안다면 우리는 어떤 인연도 소홀히 할 수 없게 될 것이다. 우리가 흔히 말하는 인과응보에 빠지지 않으려고 해서도 말이다.

결론지어 다시 말한다면 과거·현재 그리고 미래를 통해 내가 마음속에서 어떠한 작용을 하고, 그 결과 어떤 결과를 낳을 것인가. 그래서 어떤 운명을 결정하고 인생을 결정할 것인가. 이것이 바로 우연이 아니라 인연인 까닭이기에 더욱 중요한 것이다.

이렇듯 세상엔 우연이란 없고, 내 마음의 거미줄에 의해 얽히고 설킨 인연임을 기억한다면 오늘부터 어떠한 만남도 헛되이 할 수 없지 않을까.

명상으로 깨뜨리는 고정관념

우리의 눈에 속지 말고

우리의 입[말]에 속지 말고

우리의 귀에 속지 말아요.

이런 것들에 속으면 우리의 마음을 잃습니다.

―《흰 연꽃 피는 소리》 중에서 ―

얼마 전 30대 부인을 만났는데, 그녀는 둘째 아이를 임신하고 무척 고민이 많았다. 남편이 장손이라 꼭 아들을 낳아야 하는데, 첫째 아이가 딸이라서 이번에는 꼭 아들이어야 한다는 것이다.

명상으로 하는 태교와 육아

나는 그런 그녀에게 이렇게 물어보았다.

"혹시 시댁어른이나 남편이 아들이었으면 하는 바람보다 자신이 더 아들을 낳고 싶어하는 마음이 큰 것 아니에요?"

그녀는 한참을 생각하더니 솔직히 말하면 자신이 더 아들이었으면 하고 바란다고 답변했다.

"왜 아들이 낳고 싶은 건가요?"

나는 다시 한번 물었다.

"그냥 아들이 더 좋잖아요. 딸보다는."

아들을 낳고 싶은 이유는 더 이상 없었다.

우리 사회에서 아들이 좋다. 이 얼마나 어리석은 고정관념인가. 사실 고정관념은 하나의 이미지에 불과하다.

이미지가 어떤 환경 어떤 경험에 의해 관념이라는 것으로 고착되고, 관념들이 무의식 속에 뿌리깊게 박제되어 반복적이고 습관적으로 만들어내는 생각과 마음이다.

어느 사회, 어느 나라든 사람들은 고정관념에 의한 피해자인 동시에 가해자이기도 하다. 특히, 우리 나라 여성들은 대대로 이어져온 고정관념에 대해 피해의식에서 벗어나기 힘들다. 하지만 이러한 피해의식을 파고들어 가면 언제나 자기 자신부터 고정관념으로 똘똘 뭉쳐있음을 알 수 있다. 자신이 먼저 고정관념을 버리지 못하고 있으면서 오히려 고정관념에 의해 피해를 받으며 살아가고 있다고 생각한다.

명상태교 경험담

이 얼마나 어리석은 일인가.

고정관념이 많으면 많을수록, 또 그 정도가 깊으면 깊을수록 우리는 마음의 평화, 인생의 행복에 더 많은 구속을 받게 된다.

거꾸로 말하면 고정관념을 버리면 버릴수록 우리는 더욱 평화로워지고, 행복해질 수 있다. 무의식에 자리잡은 고정관념이 깊으면 깊을수록 어느새 마음에 아집과 집착이라는 방어 벽이 쌓이고 새로운 것을 받아들이기보다는 끊임없이 밀어내기에 급급해진다. 그래서 고정관념은 타인을 평가하고 구속하는 잣대로 작용하기도 하지만, 그보다는 보이지 않게 나 자신의 인생에 족쇄가 되고, 심하게는 우리 삶을 위한 안전장치인 양 둔갑한다.

우리는 명상으로 고정관념을 깨뜨리는 연습을 해 나가야 한다. 명상은 무의식 속에 뭉쳐 있는 잠재의식까지도 꺼내어 씻어 낼 수 있는 힘이 있다.

명상을 통해 무의식 속의 고정관념들을 직시하고, 하나씩 비워내는 작업을 하다보면 우리 일상에서 부딪치는 수많은 갈등과 스트레스에서도 조금씩 멀어질 수 있게 된다.

명상으로 하는 태교와 육아

명상으로 하는 출산

산성식품 섭취는 신경질적인 아이를 낳는다

우리가 많이 먹는 육류나 생선류 · 계란 · 쌀 · 보리 · 밀 · 강낭콩 · 땅콩과 곡류 · 곡물로 빚은 술 등은 모두 산성식품이다.

산성식품을 지나치게 많이 섭취하면 체질이 산성화되고, 인체 내에서 산을 만들어 체액을 산성화시키며, 간을 손상시킨다. 그뿐만 아니라 성격에까지 영향이 미쳐 난폭하거나 신경질적으로 변한다.

당연히 임산부가 산성식품을 과다 섭취하면 태아의 성격에 문제가 생길 수밖에 없다. 그래서 산성식품을 적당량으로 조절하면서 알칼리성식품을 균형 있게 섭취 해주어야 한다.

* 알칼리성식품 : 채소류 · 완두콩 · 해조류 · 버섯류 · 우유 · 감자류 · 과실류 등

명상으로 하는 출산

제왕절개의 나라, 대한민국

이 세상에 존재하는 모든 생물은 자기에게 맞는 출산방법을 가지고 있다. 자신의 의지와 본능에 의해서 생명의 보존법칙을 지켜나가고 있는 것이다.

인류 또한 가장 인간에게 맞는 출산방법을 끊임없이 발전시켜 왔다. 입식분만 · 좌식분만 · 최근에 보급되고 있는 라마즈분만에서 수중분만까지, 자연분만에 있어서도 시대와 민족에 따라 조금씩 다른 양상을 띤다.

우리 조상들은 태교에서 자연분만으로 이어지는 출산의 역사를 어느 민족보다 지혜롭게 발전시켜 왔다고 본다. 과학이나 의학의 뒷받침은 없었지만, 명상에 가까운 조용한 마음과 자연의 순리에서 벗어나지 않는 지혜를 바탕으로 태교와 출산를 했다.

하지만 최근 들어 우리들의 태교와 출산문화는 너무나 자연과 멀어지고 있다. 특히, 출산에 있어서 제왕절개 비율이 무려 43%나 되어, 세계에서 가장 제왕절개를 많이 하는 나라라는 오명을 쓰고 있기도 하다.(일본의 제왕절개 비율 15%, 미국의 제왕절개 비율 20%)

우리 나라가 이렇게 제왕절개의 나라로 전락해버린 이유는,

여성들이 그만큼 제왕절개에 대해 무지하기 때문이며, 또한 산부인과 전문의들이 히포크라테스의 양심을 잊고 자신들 잇속 차리기에 급급하기 때문이다.

요즘 젊은 여성들은 자연분만이 가능한데도, 출산의 고통을 겪지 않기 위해서, 또는 자연분만을 하면 질이 넓어져 산후 부부생활에 지장이 있지는 않을까 해서 제왕절개를 선택한다. 더 어이없는 이유는 점괘에 나온 분만의 길일과 좋은 시간에 맞추기 위해 제왕절개를 한다는 것이다.

태아에 대해서는 눈꼽만큼도 배려하지 않고, 오로지 자기 자신만 좋으면 된다는 어리석은 마음이 아닐 수 없다.

선진국일수록 제왕절개 비율이 낮은 이유가 뭘까. 그만큼 제왕절개에 대한 폐해가 심하기 때문이다. 만약 제왕절개가 태어날 아기와 임산부 자신에게 얼마나 나쁜 영향을 주는지 조금이라도 안다면 그런 생각을 하지 못할 것이다.

제왕절개로 분만을 하면 출산시 산모에게 투여되는 각종 약물이 몇 분, 아니 몇 초도 되지 않아서 태아에게 전달되기 때문에 뇌의 손상을 입힌다.

그래서 제왕절개나 무통분만을 한 아기들은 중추신경의 부작용, 감각 및 운동반응의 이상, 외부 자극에 대한 반응 능력 감소, 모유 찾기 본능의 장애, 유아발육의 부진, 과민성 증가, 신생아 우울증 등의 증세를 겪을 확률이 매우 높고, 아주 심한 황달도 생

명상으로 하는 태교와 육아

겨서 자칫 잘못하면 생명의 위험을 겪을 수도 있다.

또한, 태아는 제왕절개로 태어나게 되면 아무런 피부자극 없이 갑작스럽게 이 세상으로 나오기 때문에 정서적인 불안과 공포심에 휩싸이게 되고 이러한 경험과 상처는 잠재의식 속에 저장되어 훗날 잔인하고 난폭하며 심약하여 쉽게 우울증에 시달리는 인간으로 자라게 된다. 출산시 태아의 정서가 평생을 좌우한다는 사실은 이미 현대 정신의학적으로 밝혀진 사실이고, 통계적으로 자연분만을 통해 태어난 아이들보다 폭력성향이 5배가 높다는 통계도 나온 바 있다.

이 모든 사실을 알고도 제왕절개로 분만을 한다면 그것은 자기 자식의 생명을 담보로 도박을 하는 것과 뭐가 다를까.

10개월 동안 아무리 태교를 잘했다고 해도, 한 번 출산을 잘못하면 모두 수포로 돌아갈 수도 있는 일이다.

태어난 후 처음 보게 되는 세상의 모습이 어떤가도 아이의 정서에 무척 중요하게 작용한다. 태아가 산도를 빠져나와 이 세상에 나오는 바로 그 짧은 순간이 한 인간의 성격·정서·두뇌에 무척 큰 영향을 준다고 한다.

아기는 태어난 후 약 20분에서 30분 간 눈을 뜨고 있다. 이때 눈에 보이는 모습들이 이 세상에 대한 첫인상인 것이며, 이때 보는 엄마의 모습은 마치 사진이 찍히듯이 태아의 망막에 영원히 찍히게 된다. 만약에 엄마가 제왕절개를 해서 배는 갈라져 있고,

명상으로 하는 출산

엄마의 얼굴과 몸은 반 무의식 상태에서 헤매고 있다면 아기가 느끼는 엄마의 첫인상은 어떨까.

분명 사랑스러운 모습은 아닐 것이다.

제왕절개분만은 언제부터 시작됐을까

제왕절개분만의 시초는 로마시대로 거슬러 올라간다.

그 유명한 로마의 영웅 시저가 태어나려고 할 때, 어찌 한 나라의 정치가가 여자의 질강으로 나올 수가 있느냐며 엄마의 배를 가르고 아기를 받았다고 한다.

이러한 개복수술이 훗날 제왕절개법이 되었는데, 오늘날에 제왕절개분만시 메테롤이라는 진통제를 척추나 꼬리뼈, 경막에 주사를 놓음으로써 임산부를 반 무의식 상태로 만든 후 뱃속에서 아기를 꺼낸다.

자연분만의 좋은 점

한 인간은 태아기와 3살까지의 유아기를 통해 뇌와 성격이 약 80% 정도 형성된다. 그 중에서 태아가 세상에 태어나는 짧은 순간이 뇌와 성격 형성에 상당히 큰 영향을 준다고 한다.

우리 선조들은 이미 수세기 전부터 그러한 사실을 깨닫고 철저하게 자연분만, 그것도 철저하게 엄마와 아기의 유대감을 지켜주기 위해 가정분만을 해왔다.

그런데 몇 십년 전부터 제왕절개법이 들어와 지금은 거의 임

명상으로 하는 태교와 육아

산부들 사이에서 판을 치고 있는 실정이다.

출산은 어디까지나 가장 자연스럽게 이루어져야 한다. 임산부가 자연분만을 하는 과정을 생각하면 처음부터 끝까지 태아에게 가장 알맞고 좋은 방법임을 알 수 있다.

하나하나 살펴보면, 먼저 태아가 산도를 빠져나올 때 손발을 오므리고 머리도 발 쪽으로 바짝 댄 후에 등의 피부를 산도에 비비면서 나오게 된다. 그러한 과정에서 태아의 척추나 온몸의 피부, 신경은 자극을 받게 되고, 그 자극은 태아의 뇌로 전해져서 짧은 시간이지만 뇌의 발육이 아주 크게 이루어진다.

또, 피부 자극은 뇌의 호흡 중추를 일깨워주는데도 큰 효과가 있고, 엄마의 자궁질부를 지나 질을 통과하면서 태아의 모든 신체조직이 자극을 받기 때문에 태아의 지능을 높이는데 한층 더 도움을 준다고 한다.

이러한 출산시 자극의 결과로 자연분만을 한 아이들이 제왕절개를 한 아이들보다도 IQ지수가 13 정도 더 높다는 통계가 나와 있기도 하다.

또 하나, 자연분만이 좋은 이유는 태아도 임산부 못지않게 오랜 시간 조임과 풀어짐이 반복되는 힘든 과정을 거쳐야 하기 때문에 이 과정을 마치고 난 후 정신적으로 대단히 큰 만족감과 해방감을 느끼게 된다. 이러한 감정들은 인생을 보이지 않게 움직이는 무의식의 힘으로 작용하게 된다.

명상으로 하는 출산

명상태교가 출산에 끼치는 영향

옛날 여인들은 아이를 낳으러 방에 들어가면서 벗어놓은 고무신을 밖으로 향해 다시 놓으며 이렇게 말했다고 한다.

"내가 이 고무신을 신고 다시 밖으로 나갈 수 있을꺼나……."

이 말에서도 알 수 있듯이 한 여성에게 있어 아기 낳는 일은 죽음을 각오할 만큼 힘든 일이다. 하지만 옛날 여인들은 출산을 고통으로 여기지 않고, 축복과 성스러운 일로 여겼기 때문에 자신의 목숨을 걸어도 아깝지 않다고 생각했다.

과연 요즘 여성들도 그렇게 생각하고 있을까. 내가 최근 몇 년간 상담을 하거나 주변에서 지켜본 바로는 옛 여인들의 자식을 향한 강인한 사랑은 무척 보기 드물어진 것 같다.

요즘 젊은 여성들은 사랑 받는 예쁜 아내는 물론 좋은 엄마가 되기는 바라면서 정작 아기를 낳아서 기르는 일에 대해서는 무지하고, 심지어는 싫어하는 경향마저 있다.

그러다 보니 여성으로서, 엄마로서, 아내로서 소신이나 주체성은 찾아볼래야 찾아보기 힘들다. 출산에 있어서도 마찬가지다. 한 생명을 이 세상에 태어나게 한다는 존엄성이나 자부심은 간데 없고, 그저 출산에 대한 두려움에 떨면서 어떻게 하면 고통 없이 아이를 낳을 수 있을까만 고민하는 여성들이 너무나 많다.

출산에 대한 생각이 두려우면 두려울수록, 출산에 대한 마음이 불안하면 불안할수록 실제 자신이 겪어야 하는 출산의 고통은 배가 된다.

태아는 태어나기 한 달 전부터 이미 자궁 속에서 아주 약한 것에서부터 진통을 견디는 연습을 시작한다고 한다. 그만큼 태아도 앞으로 겪게 될 고통에 대해 본능적으로 두려움을 갖고 있다는 것이다.

거기다 출산이 가까워질수록 태반이 좁아져 혈관이 압박받게 되고, 혈액공급이 원활히 이루어지지 못해서 산소공급이 잘 되지 않게 된다. 이런 상태에서 엄마까지 불안해 하고 힘들어 하면 엄마의 뇌에서 스트레스를 유발하는 호르몬이 분비되어 혈관이 수축되면서 태아에게 오는 산소의 양은 더욱 줄어들게 된다.

이처럼 출산을 앞두고 임산부의 몸과 마음은 태아에게 직결돼 있다는 걸 안다면 임산부는 출산 전 마음 다스리기에 노력해야 할 것이다.

출산을 앞둔 여성들에게 무엇보다도 중요한 마음은 태아에 대한 믿음과 자기 자신에 대한 자신감이다. 이런 믿음과 자신감이 있어야 출산을 고통이 아닌, 자연스럽고 사랑에 넘치는 행위로 받아들일 수 있는 것이다.

출산은 임산부 혼자서 하는 것이 아니다. 태아도 자신의 온 힘을 다 바쳐 산고를 이겨내고 세상에 나오는 것이다. 그래서 임산부와 태아, 서로의 믿음과 사랑이 출산에 있어 무엇보다 큰 힘이 되는 것이다.

명상태교를 한 임산부와 태아라면 그동안 태담을 통해서 마음 속에 믿음과 사랑이 충만해 있을 것이다. 출산에 대해서도 전혀 마음이 불안하지 않고, 오히려 자신감이 생길 것이며, 절대적인 협력자가 있으니 두려울 것이 없는 것이다.

오랫동안 명상을 실천해 마음이 맑아진 임산부라면 태아가 언제, 어떻게 태어날지 느낄 수 있다. 그렇기 때문에 갑작스런 출산으로 당황해 하지 않고, 출산을 행복한 마음으로 맞아들일 수 있다. 실제 명상으로 태담을 나눠온 임산부들은 아기를 낳으러 분만실로 들어가는 순간까지 태아와 태담을 나눌 수 있고, 어떤 임산부는 분만을 하는 동안에도 평소 자주 읽던 불교경전을 읽을 수 있을 정도로 마음의 여유를 잃지 않을 수 있었다.

의학적으로도 출산할 때 산모가 행복한 마음과 여유를 잃지 않으면 엔도르핀 호르몬이 더 많이 분비되어 출산의 고통을 덜게 해준다는 것이 증명되었다. 사실, 임신을 하면 임신 초기부터 임산부의 뇌 속에는 엔도르핀 호르몬이 나오기 시작해서 말기에는 호르몬의 양이 더욱 늘어 임산부가 겪게 되는 고통을 부드럽게 해준다고 한다. 이처럼 인간의 몸은 자연의 법칙에 순응하여 너무 과학적으로 만들어졌다.

그런데 정작 인간 자신이 마음을 잘 못 써서 그 자연의 법칙을 제대로 활용하지 못하고 있다는 것이 문제다. 임산부들이 임신과 출산에 대해서 불안해 하고, 힘들어 하고, 급기야 제왕절개분

명상으로 하는 태교와 육아

만을 하게 되면 애초에 자연스럽게 생성될 수 있는 호르몬 작용
까지 방해할 수 있기 때문이다.

임산부 스스로 산고로부터 해방될 수 있는 가장 좋은 길은 명
상태교를 해서 자연분만을 하는 것이다. 명상을 계속했다면 고
통이 어디에서 오는 것이며, 이러한 내 마음을 어떻게 다스려야
하는가를 알게 된다. 나의 아픔보다도 아기의 고통을 먼저 생각
할 수 있는 강한 모성애가 마음을 다스리게 한다.

명상하는 사람들에게는 아픔을 다스린다는 것은 어려운 일이
아니다. 앞에서 티베트의 스님이야기를 했는데 명상을 하면 뇌
에서 엔도르핀이라는 호르몬을 많이 분비시키고, 또한 산모의
뇌 속에서 분비되는 호르몬의 양은 극으로 올라가기 때문에 거
의 무통분만을 할 수 있는 것이다.

앞에서도 말했듯이 육체의 고통은 얼마든지 마음으로 다스릴
수 있는 그러한 마음의 힘이라는 것이 있다. 출산을 행복한 순간
이라고 생각하고 아기의 첫 대면을 기다리는 마음으로 있다면
분만실에서 고래고래 소리를 지르고 울고불고 하는 일은 없을
것이다. 침착하고 고요하게 명상하는 마음으로 출산을 맞이한다
면 태아에게도 힘든 길을 통해 세상에 나오는 일이 고통이 아니
라 행복한 일이라고 느낄 수 있을 것이다. 이것은 대단히 중요한
일이다. 태아의 출생 순간의 고통은 잠재의식 속에 기록이 되어
청소년이 되면 난폭하고, 인내심이 없고, 피해망상증 등의 성격

명상으로 하는 출산

으로 나타난다는 최근 정신의학연구의 결과 보고가 있었다.

출산 순간의 고통은 산모보다도 태아에게 10배 더 힘들다고 한다. 그런데 아기의 고통은 전혀 생각하지 않고 자신의 아픔만 두려워하고, 고통스러워한다면 부모가 될 자격이 없지 않을까. 태아도 나오는 고통이 너무나 두렵고 어둡고 숨이 막히는 것이 겠지만 어머니의 유연한 마음에 위로를 받으면서 나온다면 얼마나 위로를 받을 수 있을까. 엄마의 명상하는 출산 태도는 아이에게 성장해서도 유연하고 어떠한 어려운 일에 부딪치더라도 끈기 있게 대처할 수 있는 어른으로 성장할 수 있는 보장의 길을 열어주는 것이다.

출산할 때에 아기에게 보내지는 산소의 양도 무척 중요한 부분이다. 아기도 이 세상에 태어나는 일이 무척 힘이 들고 고통스러운 일이기 때문에 누구보다도 엄마의 도움을 가장 필요로 한다. 임산부들은 고통스럽겠지만 아기를 낳을 때 호흡을 잘하여 아기에게 산소를 많이 공급함으로써 아기에게 힘을 실어주어야 한다. 그런데 고통 속에서 호흡을 잘 하기란 쉽지 않은 일이다. 그렇기 때문에 평소부터 명상을 하면서 호흡을 편안하고 자연스럽게 하는 연습을 해두어야 한다.

행복한 출산을 해야만 행복한 육아도 할 수 있게 된다.

그런데 요즘 많은 여성들이 고된 출산의 시간을 겪은 후에 산후우울증에 시달려 육아의 첫 단추를 잘못 꿰는 경우가 참 많다.

명상으로 하는 태교와 육아

10개월 동안 한 몸처럼 느껴졌던 생명체가 밖으로 빠져 나가면서 공허감을 느끼게 되는데 우울증을 겪을 수도 있고, 앞으로 자신이 짊어져야 할 엄마라는 의무감과 책임감이 자신도 모르게 마음을 압박하여 우울증에 시달리는 경우도 많다고 한다. 이러한 우울증에는 '코르티솔' 이라는 호르몬의 과다분비도 크게 작용한다고 한다.

흔히 산후우울증을 2~3개월이면 자연히 치료가 되는 증세로 가볍게 생각하는 경우가 많다. 하지만 이 우울증이 몇 개월로 끝나지 않고 평생 이어지는 여성들도 있다고 한다. 그만큼 출산 후 정서변화가 아주 중요하다는 얘기다. 그런데 더 심각한 문제는 엄마의 산후우울증으로 신생아가 심하게 스트레스를 받게 된다는 점이다. 산후우울증으로 엄마가 신생아 돌보는 일에 소홀하게 되면 아기의 정서는 그만큼 신경질적으로 변해서 잘 보채고, 이유도 없이 밤마다 심하게 울게 된다. 3살까지의 아기 정서가 평생을 좌우한다는 측면에서 엄마의 산후우울증은 자식의 인생에 크나큰 문제가 된다.

실제 상담을 하다보면 많은 주부들이 아이들의 정서가 소심하고 참을성이 없으며 예민한 것에 대해 걱정을 많이 하는데, 그러한 주부들 중에는 출산할 때 제왕절개분만을 했거나 출산을 전후로 심하게 정서불안에 빠져서 아기를 제대로 돌보지 못했던 것을 후회하는 경우가 무척 많다. 하지만 이미 엎질러진 물을 앞

명상으로 하는 출산

에 두고 후회하는 것이 무슨 소용일까.

산후우울증은 어머니와 자식간에 평생동안 어두운 그림자로 따라다닐 수도 있다. 명상태교로써 산후우울증에 대비하는 것도 예비엄마로서 필수 지혜일 것이다.

다시 한번 말하지만 한 생명을 잉태하고, 낳고, 기르는 일은 한 여성에게 있어 평생을 바쳐야 하는 일이다. 어쩌면 어려운 수행의 길이라고 표현할 수도 있을 만큼 부모로서 바른 인격과 마음 다스리는 일이 무엇보다 중요하다. 왜냐하면 부모가 마음 한번 잘못 먹는 것에 따라 한 생명의 인생이 달려 있기 때문이다.

이제 더 이상 출산이나 육아에 대해 너무나 준비 없이 시작하는 부모들이 없었으면 하는 바람이다.

임산부 스스로 당당해야 출산문화가 바로 선다
(개선돼야 할 출산문화)

내가 아는 어느 부부는 첫아기의 출산을 생각하면 지금도 아찔하다고 한다.

지금으로부터 8년 전, 늦게 결혼을 한 그 부부는 첫 아이에 대한 기대가 남다를 수밖에 없었다. 드디어 아내가 진통을 느끼기 시작하고, 병원을 찾았는데 뜻밖에도 의사는 제왕절개를 해야 한다고 진단을 했다. 제왕절개는 꿈에도 생각하지 못했던 터라 당황할 수밖에 없었다.

명상으로 하는 태교와 육아

　그런데 남편과 의사를 더욱 당황하게 만든 건 제왕절개를 반대하는 부인의 완강한 태도였다. 남편은 걱정이 되긴 했지만 자신도 제왕절개를 원하지 않았기 때문에 부인과 함께 한밤이 되도록 자연분만을 할 수 있는 산부인과를 찾아다녔다고 한다.

　그렇게 족히 열 군데 병원을 찾아다닌 후에야 간신히 한 군데 병원을 찾았는데, 연세가 지긋하신 그 병원의 원장님은 오히려 호탕하게 웃으며,

　"제왕절개는 무슨……. 요즘 젊은 애[의사]들, 너무 겁이 많아."

　믿음직한 노(老)의사의 도움으로 부인은 조금 난산이긴 했어도 무사히 자연분만으로 첫 아이를 낳을 수 있었다고 한다.

　지금도 그 부부는 그 의사선생님을 잊을 수가 없다고 한다. 정말 의사다운 의사가 아닐 수 없다.

　하지만 나는 의사도 훌륭했지만, 그보다는 그 아내의 당당한 자신감을 높이 평가하고 싶다. 열 명의 의사들이 제왕절개를 하라고 했어도 자신은 충분히 자연분만을 할 수 있다는 자신감, 아기에 대한 배려와 사랑이 아니라면 그 어려움 속에서 그런 자신감을 고수하기란 쉽지 않은 일이다. 이 세상 모든 임산부들이 그 아내처럼 자신감 넘치고 당당해졌으면 좋겠다.

　솔직히 요즘 산부인과 의사들, 제왕절개를 무슨 최고의 의술이라도 되는 양 임산부들에게 권유하는데, 그런 의사들의 권유에 무조건 겁먹고 따르는 것보다는 자연분만이 왜 안 되는지, 가

명상으로 하는 출산

능성은 어떻게 되는지, 자기 자신의 상태에 대해서 본인이 가장 잘 파악할 수 있도록해야 한다.

　요즘 산부인과에 가보면 임산부들을 너무 무성의하게 대하는 경우를 많이 볼 수 있다.

　분만실 환경도 임산부가 어떻게 생각하고 느낄지는 전혀 고려하지 않은 채 의료진 편할 대로만 돼 있다. 심지어는 태어날 아기에 대한 배려도 전혀 되지 않고 있다. 그런데도 대부분의 임산부들이 그런 환경을 당연히 받아들이고만 있다.

　임산부들은 죄인도 아니며, 출산은 무슨 심각한 수술도 아니다. 그 주체는 분명히 임산부와 태아이어야 한다. 의료진은 임산부와 태아가 분만을 잘 해낼 수 있도록 최대한 배려해주면서 충분히 도와주어야 하는 입장인 것이다.

　이제부터 임산부들은 당당히 요구할 수 있어야 한다. 임산부와 태아의 입장에서 가장 좋은 출산과 분만환경이 무엇인지 알고, 그것을 하나씩 현실화시키는 일은 바로 임산부 스스로가 요구해야 하는 것이다.

명상으로 하는 태교와 육아

바뀌어야 할 출산문화

(1) 분만자세

대부분의 산부인과에서는 산모는 딱딱하고 평평한 침대에 누워서 양 다리를 위로 향해 벌린 자세로 아기를 낳게 돼 있다. 그런데 이러한 자세는 임산부와 아기를 위해 고려한 자세가 아니라 의사가 산모의 회음을 잘 볼 수 있도록 의사의 눈높이에 맞춰 조절된 자세라고 할 수 있다. 한 번 이런 자세로 아기를 낳아본 여성들은 이 자세가 얼마나 힘들었는지 기억할 수 있을 것이다.

최근 의학계에서도 밝혀진 내용이지만, 산모에게 가장 편한 자세는 상체가 약 35도에서 45도로 세워진 상태다.

옛 문헌에 기록된 자료나 벽화, 조각들을 보면 좌식변기처럼 구조된 분만대에서 아기를 낳거나, 서서 나무를 붙들고 뒤에서 남자들이 붙들어주는 자세로 아기를 낳는 장면들이 자주 등장한다. 우리 나라에서도 옛날부터 전해져온 자연분만법은 좌식분만의 형태다. 천장에 삼줄을 매달아 임산부가 그 삼줄을 붙잡고, 힘을 줄 때마다 상체를 일으켜 세우면서 분만을 하는 방법이다.

임산부 곁에서 출산에 경험이 많은 여성들이 있어 임산부 입장에서 그들을 도와주도록 했다.

이러한 점에서도 알 수 있듯이 오늘날과 같은 분만자세는 조금씩 개선돼야 할 것이다.

명상으로 하는 출산

(2) 분만실 조명의 밝기

나는 아기를 낳을 때 진통만도 견디기 힘든 일인데, 강렬한 조명 아래서 다리를 벌리고 누워있다는 사실에 대해 너무나 스트레스를 받았던 기억이 있다. 아마도 나뿐만 아니라 많은 여성들이 공감할 부분이 아닌가 싶다. 밝은 조명은 임산부에게도 나쁘지만 태아에게는 더욱 좋지 않다. 태아가 10개월 동안 있었던 엄마의 뱃속은 전체적으로 어두운 상태이다.

그렇게 어두운 상태에서 지내다가 이 세상으로 나오는데 갑자기 너무나 밝은 조명이 비춰오면 태아의 시력에 큰 자극을 주게 된다. 요즘 어린 아이들이 시력이 약화되고 유아기부터 안경을 쓰는 어린이가 늘고 있는 이유 중에 분만실 조명의 영향 탓도 무시 못할 것이다.

정서적으로도 너무 밝은 조명은 아기에게 신경질적인 반응을 불러일으킨다. 잠을 자고 있는 동안 누군가 갑자기 방의 불을 켰을 때, 자기도 모르게 신경이 날카로워지는 것을 누구나 경험했을 것이다. 그처럼 아기도 갑작스런 환경 변화로 인해 정서에 큰 변화를 일으키게 되는 것이다.

조명도 문제지만 요즘 아기가 태어나자마자 플래시를 터뜨리며 사진을 찍는 경우가 많은데, 그것도 마찬가지로 아기의 정서와 시력에 좋지 않다는 걸 알았으면 좋겠다.

(3) 아기에 대한 폭력

태아는 산도를 지날 때 정말 죽을힘을 다해서 빠져 나온다. 그래서 귀빠지는 그 순간, 태아는 정말 기진맥진해 있는 상태다. 그런데 분만실 의료진들은 그런 태아의 상태는 아랑곳하지 않고, 오히려 태아에게 아주 난폭하게 행동한다. 분만실의 환한 불빛에 시술 도구들의 차갑고 시끄러운 소리, 의료진들의 감정 없이 큰소리로 내뱉는 말들, 이러한 것들이 모두 아기에게는 공포인 것이다.

특히, 아기가 태어나자마자 거꾸로 들고 울지 않는다고 엉덩이를 때리는 짓은 아기에게는 상상할 수 없는 폭력이다. 거꾸로 매달려 울부짖는 아기의 심정을 상상해보면 가슴이 아플 것이다. 태어나자마자 탯줄을 자르는 것도 무시 못할 횡포다.

아기가 이 세상의 환경에 조금이나마 적응하지 못한 채 무작정 탯줄이 잘리면 갑자기 허파로 숨을 쉬어야 하기 때문에 아기들은 기관지가 타는 듯한 고통을 느끼게 된다. 기진맥진해 있던 아기가 감당하기에는 너무나 큰 고통일 것이다.

또, 아기가 산도를 빠져 나오는 순간의 공포감을 달래줄 수 있는 유일한 사람은 어머니뿐이다. 하지만 아기는 태어나자마자 난데없는 폭력을 받은 뒤 탯줄이 잘리고 어머니에게서 격리되고 만다. 정서적으로 얼마나 잔인한 폭력인가.

분만실은 폭력 대신 사랑과 친절로 채워져야 한다. 한 생명을 진정으로 사랑하고 귀중하게 여기는 의료진들이라면 약간 어두운 분위기에서 말소리나 행동 하나하나를 조용히 하면서 출산을 도우며, 아기가 태어나면 바로 엄마의 배 위에 약 5~6분 간 놓아주어 엄마의 심장소리를 들으며 안정을 취하고 편안히 쉬도록 해주어야 한다.

그러면서 탯줄의 박동이 그치는 것을 잘 살핀 후에 비로소 탯줄을 자르고 따뜻한 물에 목욕을 시킨 후에 곧바로 엄마 품으로 돌려주어 같은 방에서 지내도록 해야 한다.

바뀌어야 할 출산문화

(4) 남편과 함께 하는 출산

아내가 분만실에 들어가 산고를 겪을 때, 남편은 담배를 입에 물고 복도를 서성이는 장면, 우리에게 아주 익숙한 장면이다.

하지만 이제 산부인과에서 볼 수 있는 남편의 모습도 바뀌어져야 한다. 남편은 복도가 아닌 분만실 안에서 임산부의 곁을 지켜주어야 한다. 아기 낳는 일은 대부분의 여성에게 불안감과 심지어는 공포심까지 느끼게 한다. 그때만큼 따뜻한 말 한마디, 부드러운 손길이 필요할 때가 없다.

그런데 마치 아기 낳는 기계라도 다루듯이 주변을 왔다갔다하는 의료진들 사이에서 혼자 두려움에 떨고 있다면…… 아마도 그 심정은 당해보지 않은 남성들은 모를 것이다.

명상으로 하는 태교와 육아

남편이 옆에 있기 때문에 아내는 크게 안심할 수 있고, 그러면 출산시에 분비되는 엔도르핀 호르몬이 더욱 증가되어 아기 낳는 고통도 아주 부드럽게 완화시켜줄 수 있다. 요즘 분만실에서 남편의 출입을 허용하는 병원이 조금씩 늘고 있다는 점은 무척 다행스런 일이 아닐 수 없다.

남편이 아내의 분만모습을 보는 일은 남편 자신의 인생에 있어서도 가장 지울 수 없는 장면 중의 하나로 남을 것이다.

아내와 출산을 함께한 남편들 대부분은 그로 인해 생명에 대한 경외감과 부인에 대한 마음, 자식에 대한 사랑스러움이 더욱 커지고, 인생 전체에서도 커다란 가치관의 변화를 가져오게 되었다고 말한다.

한편으로는 남성이 출산을 계기로 하여 여성을 바라보는 시각도 바뀌어져 여성을 더욱 존중하게 되며, 성(性)에 대한 가치관도 바로 잡게 될 것이다.

여성이 한 생명을 탄생시키는 일이 얼마나 힘들고 성스러운 일인지 자기 눈으로 직접 보고 느끼고서도 나중에 원조교제를 할 수 있을 만큼 파렴치한은 이 세상에 없지 않을까.

결과적으로 남편이 분만실에 들어가 아내와 출산을 함께한다는 것은 한 가정의 아버지의 모습을 바꿔줄 뿐만 아니라 현재 무너져 가고 있는 한국사회의 성(性)윤리와 급증하는 이혼문제까지 바로잡아 나갈 수 있는 중요한 열쇠가 될 것이라고 생각한다.

명상으로 하는 출산

자투리 태교상식

출산을 앞두고 꼭 읽어야 할 책

≪**폭력 없는 출산**≫ (1975, 프레드릭 르봐이예)

이 책은 전 세계적으로 베스트셀러가 됐던 출산관련 서적으로, 임산부는 물론 산부인과 의사들도 반드시 읽어야 한다. 여태껏 우리가 등한시해 왔던 아기의 입장에서 지금까지 출산문화가 얼마나 폭력적이었는지 지적하고 있다.

≪**새로워진 출산**≫ (1984, 미셸 오든)

이 책에서는 "출산을 의료행위의 대상으로 보지 않고, 엄마와 아기의 삶에서 성적 · 정서적으로 없어서는 안 될 한 부분으로 바라보고, 본능적이고 부드러운 방법으로 아기가 태어날 수 있도록 해주어야 한다. 그러기 위해서는 의료진이 지나치게 출산에 개입하지 않고 오직 출산을 촉진하는 역할을 해주어야 한다" 고 주장하고 있다.

이 책의 주장처럼 현재 유럽에서는 가정분만의 중요성이 재인식되면서 서서히 가정분만을 하는 임산부들이 증가하고 있다.

명상으로 하는 육아

자면서도 웃는 습관을…

자기 전의 웃는 습관은 명상태교의 기초이기도 하다.

자기 전에 뇌파는 무의식까지 작용을 한다. 현대과학에서는 이 점을 이용하여 수험생에게 자기 전에 헤드폰을 통해 공부내용을 들려주면서 암기시키는 학습방법이 등장하기도 했었다.

이와 같이 자기 직전에 보고 듣거나 생각하는 내용들은 무의식 속에 들어가 잠재의식으로 남는다. 그래서 임산부가 자기 전에 좋은 것을 보고, 듣고, 상상하면서 마음을 편안하고 조용하게 하는 것이 태아의 무의식까지 깨끗하게 해줄 수 있다. 임산부의 이러한 습관은 명상태교를 돕고, 효과를 높일 수 있다. 무엇보다 임산부의 얼굴은 물론 태아의 얼굴까지 밝고 예뻐진다고 한다.

어릴 적부터 이런 습관을 갖는다면 어떤 상황에서도 마음의 여유를 잃지 않고 긍정적으로 사고할 수 있는 기본 바탕을 형성하게 된다.

명상으로 하는 육아

0세에서 3세까지 육아의 중요성

옛 속담 중에 '세 살 버릇 여든까지 간다' 는 말이 있다. 이런 말씀 하나하나만 봐도 우리 선조들의 지혜와 슬기는 정말 세계 어디와도 비교될 수 없다.

'세 살 버릇 여든까지 간다' 이 말에서처럼 한 사람에게 있어 세 살까지는 평생을 좌우하는 중요한 시간이다.

하얀 종이 위에 그려진 밑그림에 따라 명작이 될지 졸작이 될지 결정되듯이 태아기에서 세 살까지 어떤 생활을 하느냐에 따라 한 인간의 전체 생애가 결정된다.

뇌의 발달도 태아기부터 3살까지 약 80%, 6살까지 95%, 14살에서 16살에 이르면 100% 완성된다. 왕성한 두뇌발육을 바탕으로 0세에서 3살까지는 컴퓨터 이상으로 사물을 기억하고 입력할 수 있고, 매일매일 보고 듣고 느끼는 모든 것들을 거의 무의식적으로 잠재의식 속에 저장해나간다. 이때 쌓여진 무의식들은 잠재되어 있다가 성장하면서 의식의 현상으로 무엇인가를 판단하고 행동할 때 보이지 않는 잣대로 작용하게 된다. 다시 말해 한 사람의 성격이나 습관, 생활방식을 이루는 근본 기질이 이 시기에 만들어진다.

따라서 태아기부터 세 살까지 환경·습관·교육·조건을 어떻게 만들어 주느냐에 따라 아기의 두뇌는 물론 인간성·성격과 습관·행동양식 등이 결정된다.

그래서 이 시기 육아는 그 시기만 잠깐 하고 끝나는 일이 아니라 평생 해야 할 일을 미리 하는 것이나 마찬가지인 것이다.

태아기에서 세 살까지 아이에게 부모는 거울이나 다름없다. 특히, 아이에게 엄마라는 존재는 서로를 연결하던 탯줄은 끊어졌어도 여전히 보이지 않는 탯줄로 연결되어 있기 때문이다.

아이들은 부모의 생각과 행동에서 말소리 하나까지 그대로 따라하고, 자신의 생각과 행동, 마음의 양식으로 그대로 받아들이며, 부모의 인성이 곧바로 투영되어 아이의 인성으로 돼버린다.

그런 의미에서 육아는 아이의 마음을 키우는 일이며, 부모가 걸어 가야 할 길고도 먼 수행의 길과도 같다. 부모 자신부터 수행을 통해 착하게 살아야 자식 또한 착하게 살아갈 수 있는 것이다.

이만큼 중요한 육아를 위해 부모, 특히 어머니는 늘 마음이 조용해야 하고, 감정에 치우치지도 말아야 하며, 무슨 일이든 여유와 지혜를 바탕으로 해결해야 한다. 그래서 태교 못지않게 육아에 있어서도 명상은 중요하다. 명상의 눈으로 묻혀 있던 지혜의 눈을 뜬다면 그 어려운 육아도 즐겁고, 현명하게 해나갈 수 있을 것이다. 그렇지 않고 엄마의 마음이 늘 괴롭고 여유가 없다면, 아

명상으로 하는 태교와 육아

가의 눈에 비친 엄마의 모습은 어떨까.

아마도 변덕스러운 모습일 것이다. 행복한 표정으로 부드럽게 감싸주었다가, 얼마 후에는 잔뜩 짜증이 나서 손길도 거칠어질 것이다. 또, 시도 때도 없이 표정은 굳어지고 말소리는 날카로워질 것이다.

이렇게 엄마가 쉽게 변할 때마다 아기는 마음이 불안하고, 스트레스를 받게 될 것이고, 그러다 보면 한참 왕성하게 자라야 할 IQ · EQ는 제자리걸음을 할 수밖에 없을 것이다.

지금 내 아이의 맑은 눈망울 속에 비춰진 나의 모습은 어떤지 찬찬히 바라보기를 바란다.

엄마와 아이가 함께하는 명상

엄마의 욕심 없는 순수한 마음, 깨끗하고 맑은 마음은 유아기일수록 전달되는 힘이 강해진다. 왜냐하면 그만큼 아기의 마음도 순수하기 때문이다.

순수는 순수로 통한다. 그래서 엄마가 명상을 한다면 아이도 직 · 간접적으로 명상의 세계를 경험할 수 있다.

유아명상을 어떻게 시켜야 하나

1) 1살 전 아이는 사실상 명상이 가능하지 않다. 그래서 이 시기에는 엄마가 아기를 안아주면서 조용하고 맑은 마음으로 명상

명상으로 하는 육아

의 시간을 가지면 된다. (아기를 안아줄 때 너무 흔들면 아기의 정서
에 좋지 않다)

명상을 오래하다 보면 꼭 앉아서 하지 않아도 명상을 할 수 있
다. 마음을 조용하게 가라앉힐 수 있는 장소를 상상하면서 아기
와 함께 그곳을 거닐고 있다는 상상, 자신이 가장 좋아하는 아름
다운 물체나 좋아하는 사람, 신앙을 갖고 있는 사람은 그 신앙의
대상이 되는 존재(부처님 · 예수님 · 마리아님 등) 앞에서 아기와
함께 서 있다는 상상, 이런 여러 가지 좋은 상상을 하면서 마음을
집중하면, 그 집중된 마음이 곧 품에 안겨 있는 아기에게도 전달
된다.

2) 아기가 잘 때, 조용한 마음으로 아기 발 밑이나 옆에 앉아
서 평소대로 명상을 하면, 엄마의 잔잔한 마음이 텔레파시로 전
달이 된다.

이렇게 명상으로 재운 아기는 숙면을 할 수 있고, 크고 작은 스
트레스에서 벗어나게 되며, 잠에서 깨어날 때도 웃음을 잃지 않
는다.

이런 명상이 반복되면 아기의 심성이 순해져서 울고 보채는
일이 줄어들기 때문에 엄마의 육아도 수월해진다.

3) 엄마는 되도록 아기 중심으로 단순한 생활패턴을 유지하는
것이 좋다. 엄마의 생활이 번잡스러우면 그만큼 아기의 정서도
불안해진다.

명상으로 하는 태교와 육아

조용하게 명상에 잠겨 있는 엄마의 모습이 아기의 무의식 속에 가장 존경스럽고 사랑스러운 스승으로 각인될 수 있을 것이다.

4) 아기가 앉을 수 있을 정도로 자라면 아침저녁으로 아기와 마주앉아 손을 붙잡고, "자, 이제 손을 잡고 눈을 감고 명상을 해 보자"하며 웃는 모습으로 계속 말을 건넨다. 아기가 쉽게 알아듣든, 알아듣지 못하든 짜증내거나 포기하지 말고 10초든 30초든 1분이든 꾸준히 앉아있기를 시도해야 한다.

이런 꾸준한 시간이 거듭되면서 아기의 정서는 차분해지고, 온 집안의 정서도 안정되어 조용해질 수 있다.

또한, 엄마와 아기의 맑은 기가 집안 가득 충만해져서 가정 전체가 평화스럽고 행복으로 넘치게 된다.

엄마의 젖이 가장 좋은 완전식품!

몇 년 전까지만 해도 버스나 공원처럼 사람이 많은 곳에서도 아기에게 젖을 물리고 있는 엄마의 모습을 간혹 볼 수 있었다. 여자가 길에서 젖가슴을 내놓는 일은 동방예의지국인 우리 나라에서는 상상도 못할 일이다. 하지만 젖을 먹이는 엄마들을 보면 아무도 이상하게 생각하지 않았다.

본인들도 처녀 시절에는 상상도 못할 부끄러운 일이지만 자식을 위해서라면 아주 당연하게 할 수 있었다. 내 아이에게 제때 배부르게 먹이고 싶어하는 심정에서 젖으로 퉁퉁 부어오른 가슴

명상으로 하는 육아

을 부끄러운 줄 모르고 내보이는 마음, 바로 그런 것이 엄마의 마음이다.

요즘 젊은 엄마들은 어떨까. 안타깝게도 요즘에는 모유를 먹이면 젖가슴이 미워진다고 해서 분유를 먹이는 엄마들도 많고, 직장 일이다 뭐다 해서 너무 바쁜 나머지 분유를 먹이는 엄마들도 많다.

그래서 우리 나라는 세계에서 모유 먹이는 비율이 낮은 대표적인 나라가 됐다.

유럽은 모유 먹이는 비율이 80%가 넘는다. 반면에 우리 나라는 날이 갈수록에 모유를 먹이는 비율이 낮아져 2001년 현재 10%도 못미친다는 통계가 나왔다.

선조들이 지하에서 '우리 후손들은 한창 커야 할 때에 송아지나 먹을 소젖을 먹고 자라는구나' 하고 한탄해 하실 일이 아닐 수 없다.

우리 나라 여성들이 모유를 기피하는 현상이 심각해서인지 최근에는 병원에서도 모유를 적극 권장하고 있다고 하는데 모유와 분유의 혼합형은 모유를 먹이는 효과가 없어진다. 모유를 먹이면서 모자라기 때문이라는 이유지만 이것은 이유가 되지를 않는다. 어느 동물이든지 자식이 어미의 젖을 먹고 자랄 수 있을 정도는 나오게 되어 있다. 이것이 자연의 섭리이다. 모자라는 것이 아닌가 하는 엄마의 욕심이 분유를 더 먹이는 결과를 초래하지만 이렇게 되면 모유의 양은 점점 줄어들게 되고 아기 역시 달콤한

명상으로 하는 태교와 육아

분유에 맛이 들면 모유에 점점 멀어지게 된다. 모유는 적어도 2살이 될 때까지 먹이는 것이 정신적으로 황폐해 가고, 스트레스에 정신과 마음이 병들어 가는 요즈음의 엄마로서 해야 할 어머니의 사랑이며, 의무이기도 하다.

그래서 아기에게 초유라도 먹이는 여성들이 늘고 있다고 하니 그나마 다행이 아닐 수 없다. 초유가 아기에게 필요한 항생력과 면역성을 길러준다는 사실이 이미 상식화되어 있기 때문에 초유 먹이는 일은 점점 늘고 있다고 한다.

그런데 아기의 건강을 위해서는 초유 가지고는 모자란다. 애초에 엄마의 가슴에서 모유가 나오게 한 것은 인간에게 가장 적합하도록 만들어진 자연의 법칙이다. 요즘에 아무리 좋은 성분의 분유가 나오고 있다 해도 그것은 어디까지나 모유를 흉내낸 아류이며, 품질면에서도 이류일 수밖에 없다.

엄마로서 자존심이 있다면 왜 나의 아기에게 이류를 먹일 수 있나, 하는 생각이 당연히 들 것이다. 자기 사정 때문에 아이에게 먹이는 것은 이류면서 장차 자식이 일류가 되기를 바란다면 그거야 말고 도둑의 심보가 아닐까.

물론 모유를 먹이고 싶어도 사정이 안 돼서 못 먹이는 엄마들도 있을 것이다. 하지만 전체 여성 중에서 그렇지 않은 여성들이 훨씬 많으리라고 본다.

또 한 번 강조를 하지만 아기에게 모유를 먹이는 일은 어머니

명상으로 하는 육아

로서의 의무이기도 하지만 어머니이기 때문에 가질 수 있는 특권이기도 하다. 아버지는 아이에게 젖을 물리고 싶어도 그러지 못한다.

왜 어리석게 자신에게 주어진 특권을 포기하는지 한번 곰곰이 생각해봤으면 좋겠다.

아기에게 모유가 좋은 이유

① 소화가 잘 된다

분유단백질 속에는 카세인이라는 성분이 있는데, 이 성분은 물이나 산에 녹지 않는 성질이 있다. 그래서 아기의 소화기관에 큰 부담을 준다. 반면에 모유는 타우린이라는 아미노산이 있어서 약해지기 쉬운 아기의 소화기능에 도움을 주고, 태변을 잘 배설하도록 해준다.

② 면역성을 키워준다

모유, 특히 초유는 아기의 장벽에서 베어리(barrier)라는 것을 만들어주어 각 신체기관의 점막을 보호해서 질병으로부터 막아주고, 더불어 소화기능도 도와준다.

③ 전신운동이 된다

언젠가 TV에서 씨름 천하장사와 아기를 대상으로 길고 두꺼운 호스로 누가 더 우유를 잘 빨아올릴 수 있나를 실험하는 내용이 방송됐었다.

그 결과, 천하장사는 아무리 힘을 주어도 우유를 빨아올릴 수 없었던 것에 반해 아기는 아주 자연스럽게, 별로 힘도 들이지 않고 우유를 빨아올려 먹고 있었다.

실험 내용이나, 옛 속담 중에 젖 먹던 힘까지 다한다는 말에서도 알 수 있듯이 아기가 젖 빠는 힘은 놀라울 정도로 세다.

아기가 젖을 빨 때, 사용하는 턱의 근육은 온몸 근육과 연결돼 있다. 따라서 젖을 빨면서 턱의 근육을 발달시키는 것은 곧 온몸 근육을 운동하여 발달시키는 것과 마찬가지다. 그렇기 때문에 아기에게는 젖 빠는 일이 일종의 신체를 튼튼히 하는 전신운동과 같은 일이며, 정서적으로도 아기는 젖을 빨고 나면 힘든 일을 하고 난 후의 성취감과 자신감을 느끼게 된다고 한다.

이에 반해 힘없는 인공젖꼭지로 분유를 먹은 아이들은 신체가 허약하고, 심기가 나약할 수밖에 없다. 치아까지도 약해져 야채나 섬유질마저 제대로 씹지 못하는 아이들이 늘고 있다고 한다.

④ 뇌발육에 좋다(IQ 형성에 좋다)

아기는 엄마의 젖을 빨면서 온몸의 근육을 왕성하게 움직이기 때문에 뇌의 활동도 활발하게 된다.

또한 아기는 엄마의 젖을 빨 때 엄마 젖꼭지의 주변을 함께 빠

는데, 이 행위로 아기 입안의 점막이 자극받는 것은 의학적으로
뇌에도 자극을 주어 발육에 도움을 준다고 한다.

⑤ EQ를 높일 수 있다

엄마가 아기에게 젖을 먹이는 동안에는 자연스럽게 피부접촉
이 된다. 아기는 입으로는 엄마의 따뜻한 젖을 빨고, 손으로는 엄
마의 포근한 젖을 만지면서 배고픔만 채우는 것이 아니라 마음
까지도 충족받는다.

모유에는 아기 신체에 필요한 영양분만 있는 것이 아니라 마
음의 영양분까지 고루 갖춰져 있기 때문에 아기는 육체적 · 정신
적으로 골고루 건강해질 수 있다. 그러다 보니 아기의 정서가 안
정되면서 감정지수인 EQ도 향상되는 것이다.

⑥ 맛과 영양이 골고루 있다

모유에는 아기가 젖을 빨기 시작하면 곧바로 나오는 젖꼭지
근처에 모여 있는 것, 4~5분 후 나오는 것, 5~10분 후 나오는 것
이 모두 맛과 성분이 다르다.

첫 번째 모유는 지방분이 1.5%, 두 번째는 3%, 마지막은 처음
지방분의 약 3배 가량이 되고, 지방분이 다르다보니 모유의 맛도
다를 수밖에 없다. 그러다보니 모유는 아기의 미각을 매우 발달
시키고, 그에 자극을 받아 뇌도 더욱 발달하며, 만족감도 크게 얻

명상으로 하는 태교와 육아

을 수 있다고 한다.

반면 우유는 처음부터 끝까지 똑같은 맛에 똑같은 영양분이기 때문에 아기에게 미각이나 영양면에서 기본적인 도움 외에는 그 이상의 효과를 기대할 수 없다고 한다.

⑦ 모성애 호르몬으로 아기에게 신뢰감을 강화시킨다

젖을 먹일 때 엄마의 뇌에서는 프로락틴이라는 호르몬이 분비되는데, 이 호르몬은 엄마의 마음을 더욱 행복하고, 자신감 넘치도록 만들어준다.

그래서 엄마는 젖을 먹임으로 해서 자신이 엄마라는 것에 대해 자부심을 갖고 더욱 아기를 사랑하게 되며, 그 사랑은 아기에게 그대로 전달되어 엄마와 아기간에 풍부한 신뢰를 쌓을 수 있다. 그래서 사람들은 프로락틴 호르몬을 모성애 호르몬이라고 부르기도 한다.

모유에 대한 상식 1

엄마가 임신기간 중에 동물성 단백질을 너무 많이 섭취하면 모유의 맛이 떨어진다. 맛있는 모유는 아기의 만족감에 큰 영향을 주므로, 임신기간 중에는 두부 · 콩 같은 식물성 단백질을 주로 섭취하도록 한다.

명상으로 하는 육아

모유에 대한 상식 2

모유는 아기를 낳은 직후에는 농도가 엷지만 아기가 성장하면서 모유 농도가 점점 진해지는데 그 정점이 6개월이다. 그래서 최소한 6개월 동안 모유를 먹이는 것이 좋다. 6개월도 되기 전에 모유를 그만 먹일지 그렇지 않을지 결정하는 것은 옳지 않다.

모유에 대한 상식 3

내 아기에게는 반드시 모유를 먹여야겠다고 생각한다면, 더더욱 제왕절개는 해서는 안 된다. 제왕절개를 하면 일주일 가량 젖을 주기가 힘이 들고, 수술할 때 투여됐던 마취제나 항생제 때문에 아기에게 젖을 주지 못하는 경우가 많다.

그렇게 되면 처음부터 우유를 먹여야 하는데, 당도가 높은 우유를 먹이다가 모유로 바꾸기는 쉽지 않다.

모유에 대한 상식 4

모유를 먹이는 일은 아기에게 뿐만 아니라 엄마에게도 아주 좋다.

출산 후 자궁이 벌어진 상태에서 서서히 자궁이 수축되는데, 모유를 먹이면 자궁수축이 빨리 되고, 자궁의 건강상태도 빨리 회복된다.

임신 중에 늘어난 체중이 모유를 먹이면서 자연스럽게 감소되고, 배와 허벅지의 체지방이 줄어들어 다이어트의 효과가 크다. 또한, 유방암도 아울러 예방할 수 있다.

명상으로 하는 태교와 육아

명상을 한 엄마의 오감교육이 바로 최고의 조기교육

아기에게 엄마의 품보다 더 좋은 놀이터가 없고, 더 좋은 교육터도 없다. 엄마의 품에서 아기는 자신의 오감을 활짝 열어놓고 있다.

엄마의 목소리를 듣고 싶어하고, 엄마의 냄새를 맡고 싶어하고, 엄마의 젖을 먹고 싶어한다. 또 엄마의 미소를 보고 싶어하고, 엄마의 따스한 피부를 느끼고 싶어한다. 엄마가 아기의 오감을 충족시켜주면 아기는 한 구석도 결핍됨이 없이 만족감을 느끼며, 이성을 좌우하는 우뇌와 감성을 좌우하는 좌뇌가 고루 발달하게 된다.

그래서 엄마가 아기를 안고 젖을 먹이면서 온화한 미소로 "맛있니…… 배고팠지…… 우리 아기 예쁘구나……" 하면서 부드럽게 이야기해주고, 따뜻한 손길로 아기를 쓰다듬어 주는 행위는 아기의 허기를 채워주는 그 이상으로 아기에게 좋은 조기교육이 되는 것이다.

요즘 우리 주변에는 영재조기교육 · 영아교육 열풍이 가득하다. 대부분의 조기교육은 아기의 지능을 발달시키기 위하여 전두엽을 발달시키는 교육, 다시 말해 주입식으로 특정한 것을 계속 반복하면서 지능을 높이는 교육이다.

하지만 이런 조기교육은 영아 정신병환자를 늘리는 부작용을 낳고 있다. 아기의 인격과 재능을 무시한 채, 스트레스만 가중시

명상으로 하는 육아

키기 때문이다.

이 세상의 인간은 누구나가 얼굴이 다르듯이 뇌의 수준도 다르고 개성도 다르다. 그런데 그런 것은 무시한 채 특정한 조기교육의 틀에 아기들을 끼워 맞추려고 하니 아이들에게 탈이 나지 않을 수 없다.

조기교육, 특히 영아교육에 대한 개념부터 다시 정립되어야 한다. 조기교육은 아이 각자가 가지고 있는 능력과 재능을 발휘할 수 있도록 부모가 자연스럽게 주변환경을 만들어주는 것이지, 능력과 재능을 만들어주는 일이 절대 아니다. 우리 삶에 있어서 어려서부터 스트레스 받지 않아도 성장하면서 너무나 많은 정신적인 마찰과 스트레스를 겪어야 한다.

그런데 어려서부터 머리가 좋아야 한다, 노래를 잘해야 한다, 골프를 잘 쳐야 한다, 영어를 잘해야 한다, 운동을 잘해야 한다, 이것 해야 한다, 저것 해야 한다, 온통 해야 하는 것 돼야 하는 것 투성이면 아이들의 인격이나 성격이 어떻게 정상적으로 성장할 수 있을까. 4~5살 정도밖에 안 된 아이들이 하루에 7~8개 정도의 학원들을 다녀야 한다는 것은 아마도 우리 나라밖에 없을 것이다. 어렸을 때부터 친구들과 경쟁심만 키워주고 이기심만 키워주는 우리의 가정과 사회에서 아이들이 정상적으로 크기를 바란다는 것은 도대체 무리가 아닌가. 지금의 청소년 범죄를 보면 정직함의 중요성을 모르는 곳에서 시작되는 것이 많다. 외국의

명상으로 하는 태교와 육아

소아정신과 · 심리학과의 의사들이 우리 나라의 태교 상태나 조기 교육의 상태를 보면 아마도 이야기 할 것이다. 이것은 정신병자를 키우기 위한 교육이라고……

이제 아이들을 욕심 없이 맑고 깨끗한 엄마의 품으로 돌려보내 주어야 한다. 숲 속의 땅이 오염되지 않아 깨끗하면, 우연히 바람에 실려온 씨앗 하나까지 잘 자라 아름다운 꽃과 열매를 맺는다. 그처럼 엄마라는 땅이 맑고 깨끗하면, 아이들은 자연히 좋은 인생의 열매를 키워낼 수 있다.

사람들은 보통 자신이 가진 능력의 10%도 쓰지 못하고 죽는다고 하는데, 엄마가 명상을 해서 그 이상의 능력을 쓸 수 있는 인간이라면, 그 품에서 자란 아이들 또한 그 이상의 능력으로 자랄 수 있다. 부모의 무모한 욕심과 고집만 없으면 말이다.

명상은 변함 없이 오감을 일깨워주고, 자신에게 주어진 운명을 개척할 수 있는 힘이 있다. 그러한 명상의 힘으로 아이들의 오감을 활짝 열게 해주는 엄마 그 자체가 이 세상에서 가장 좋은 조기교육자임을 더 늦기 전에 깨달아야 할 것이다.

아기 스트레스의 주범, 종이기저귀

기저귀는 누구를 위한 것인가. 기저귀는 아기를 위한 것인가. 어머니를 위한 것인가. 먼저 이 질문에 대답을 위해서 아기의 기저귀 차는 모습을 상상해보라. 갓 태어난 아기에게 기저귀는 너

명상으로 하는 육아

무나도 큰 부담을 주는 것이라고 생각이 안 드는 사람은 아기를 키울 수 있는 자격이 없다고 나는 생각한다. 목숨을 걸고 태어난 영아에게 쉴 틈도 주지 않고 얼른 씻겨서 종이기저귀를 채운 다음 옷을 입혀 포대기에 쌓고 엄마와 따로 떨어뜨려 신생아실에 갖다 놓는 것은 너무나도 잔인한 일이다. 그 가느다란 다리 사이로 종이 기저귀를 채우는 것은 피부 호흡을 멈추게 하는 것이고, 아기의 움직임도 꽉 묻어 놓는 것이나 마찬가지이다. 태어나자마자 스트레스의 과중도는 이루 말할 수도 없을 것이다. 습도 50%, 불쾌지수 100%는 종이기저귀를 차고 있을 때, 아기들이 느끼게 되는 지수다. 어른들에게 몇 년 동안 이 상태로 살라고 한다면 아마 반이 넘는 숫자가 정신병자가 될 것이다. 이런 상태에서 모유도 주지 않고 황폐된 마음에 이번에는 6개월 정도가 되면 엄마의 욕심에 아기는 또다시 조기 교육과 천재 교육에 시달리게 된다.

그런데도 아기들은 말 못한다는 이유 하나로 이 상태를 몇 년씩 견뎌내고 있다.

그 속도 모르고 기저귀 차기 싫어서 우는 아이들을 오히려 호되게 나무라며 심지어는 엉덩이를 후려치는 엄마들도 많다.

단 한 번이라도 아기 입장에서 생각한다면 그 뽀송뽀송한 아기 엉덩이에 종이기저귀를 씌우지는 못할 것이다. 엄마들 자신은 한 달에 한 번씩 월경을 겪으며 그 며칠도 답답하고 불쾌해서 신경이 날카로워진다. 그러면서 더운 여름날에 종이기저귀를 차

명상으로 하는 태교와 육아

고 다녀야 하는 아기의 심정에는 나 몰라라 하고 있다.

"어, 통기성이 좋고, 오히려 아기가 뽀송뽀송하게 느낀다던데?"

TV광고의 말을 그대로 인용하며 종이기저귀에 대한 변명을 하는 엄마들. 평소 다른 제품에 대해서는 TV광고에 대해 그렇게 냉정하다가도 왜 종이기저귀 광고만 감싸고 도는지…….

나는 광고문구가 정말일까 실험을 해본 적도 있다. 가장 쉬운 실험으로 종이기저귀의 얇은 속지를 떼어내서 창문에 대고 입김을 세게 불어보았다. 통기성이 좋다면 창문에 뽀얗게 입김이 서릴 것이다.

하지만 결과는 절대 그렇지 않았다. 실제 종이기저귀에 물을 부어본 적도 있다. 광고대로 정말 잘 스며서 뽀송해지는지…….하지만 그것도 결과는 마찬가지로 절대 아니었다.

이제 광고문구에 속는 척 하지 말고 솔직한 마음으로 아기의 괴로움을 외면하지 말자.

종이기저귀는 이름은 종이지만, 엄밀히 말하면 종이가 아니라 석유화학제품이다. 종이기저귀는 연약한 아기피부에는 강한 독성으로 작용한다. 그 뿐만 아니라 환경도 오염시킨다. 하지만 무엇보다 더 심각한 것은 종이기저귀 때문에 아기의 정서와 두뇌 발달에 장애 요소가 너무 크다는 점이다.

아기에게 있어 피부자극은 제2의 뇌의 자극이라고 할 만큼 중요하다. 그런데 종이기저귀를 착용하면 어떤가, 아기는 늘 불쾌

명상으로 하는 육아

한 피부자극에 시달려야 한다. 이런 불쾌함이 지속되면 아기도 표현은 못하지만 스트레스를 받는다.

스트레스는 어른에게도 심각한 문제지만, 아기에게는 더욱 치명적인 장애가 된다. 엄마가 조금 편하자고 아기에게 이런 장애를 겪게 할 수는 없는 일이다.

따지고 보면 천기저귀를 써도 그렇게 힘들지 않다. 나도 두 아이를 키우면서 천기저귀를 썼지만 한 번도 힘들다고 생각해본 적이 없다. 처음 습관 들이기 나름이다.

천기저귀를 빨아대는 일이 보기에는 너무 고된 노동으로 보일 것이다. 그런데 사실 아이들이 똥·오줌을 싼 후 곧바로 빨면 비누가 필요 없다고 생각될 정도로 잘 빨아진다. 흐르는 물을 뿌려주면 아기들 똥·오줌이야 금방 씻겨 내려간다.

또, 조금 신경을 써서 기저귀를 자주 갈아주면 빨래는 더욱 수월해진다.

사실 천기저귀보다 더 좋은 방법이 있다. 아기에게도 가장 좋은 방법으로 기저귀를 채우지 않는 것이다. 얇은 요를 방에 깔아놓은 후 아기에게 마음대로 배설을 하도록 하고, 엄마가 요만 제때에 갈아줄 수 있다면 이보다 더 아기에게 좋은 방법은 없다.

실제로 이렇게 키우는 엄마들이 내 주변에는 여럿이 있다. 그들은 공통적으로 기저귀를 쓰지 않아도 불편함이 하나도 없고, 오히려 기저귀를 하지 않으면 아이들이 대소변 가리는 일이 빨

명상으로 하는 태교와 육아

라져서 좋다고 말한다.

결론적으로 아기들이 기저귀에 대한 부담과 스트레스가 줄어들면 들수록 그만큼 정서의 자유로움을 느끼고, 두뇌발육도 상대적으로 빨라진다는 것이다.

엄마가 조금 불편해도 이 정도 좋은 결과를 얻을 수 있다면 기꺼이 감수할 수 있지 않을까.

앞으로 정신문화가 꽃피어날 21세기 번영을 위해서라도 종이 기저귀를 차고 조기영아교육에 시달리는 아이들은 없어야 할 것이다.

자투리 태교상식

신생아의 경우, 하루에 대소변을 23~25회 정도 갈아주어야 한다. 기저귀를 갈아주면서 가급적이면 피부자극을 부드럽게 많이 주는 것이 두뇌자극에 좋다. 다리를 쭉 펴주면서 기지개를 펴게 해주고 엄마의 따뜻한 손으로 온몸·팔·다리를 피부 마사지해주면서 혈을 가볍게 눌러주면 아기의 두뇌발달과 혈액순환에 큰 도움이 된다.

육아를 위해 좋은 습관 열한 가지

육아라는 것은 아기를 키우는 것이다. 아기의 몸은 물론이지만 그것보다도 더 중요한 것은 육아에 있어서 아기의 마음을 키우는 것이라는 것을 잊어서는 안 된다.

많은 여성들이 엄마가 되면 가장 먼저 서점으로 뛰어가서 이것저것 육아서부터 산다. 그런데 너무 많은 엄마들이 육아서들을 쌓아놓고 읽으면서 그 내용들에 너무 의존하려는 경향이 있다.

하지만 많은 엄마들이 경험했겠지만 아기는 남이 써놓은 육아서대로만 키울 수 있는 게 아니다. 내 아이를 키우는데 있어서 남이 써놓은 육아서는 절대 정답일 수 없다. 정답은 엄마 스스로 내 아이를 위한 알맞은 육아방식을 연구하고 노력하는 일이다. 육아서는 아무 경험이 없는 엄마들에게 자신감을 심어주고, 아주 기본적인 정보를 알기 위해서는 꼭 필요한 자료들이다. 하지만 그것에 전적으로 의존하는 자세는 바람직하지 못하다.

나 또한 첫 아이를 키우기 시작하면서 많은 육아서들을 읽었고, 이것저것 육아에 관한 스크랩을 하면서 다양한 정보를 수집하는데 상당한 시간을 투자했다.

하지만 어느 곳에서도 내 아이에게 꼭 들어맞는 정답을 찾을 수는 없었다. 그러다보니 육아서에 매달리기보다는 나 나름대로 내 아이만을 위한 육아방식을 연구하는 것에 시간을 더 많이 투자했다. 지금 생각해봐도 육아서에 매달리지 않은 것은 참 잘한

명상으로 하는 태교와 육아

일이라고 생각한다.

아이를 키우는 일은 엄마의 인생에서는 가장 큰 사업이고 투자이며, 자기 수행이다. 훌륭한 사업가가 되기 위해서는 자기만의 사업전략이 필요하고, 훌륭한 수행자들은 아무리 험한 길이라고 해도 고행 속에서 자기만의 깨달음의 세계를 연다.

육아도 마찬가지이다. 엄마들 모두 자기 자신에 대해서 자신감을 갖고, 자기 아이를 믿는 마음으로 육아의 길을 스스로 열어갔으면 하는 바람이다.

그런 의미에서 육아에 대한 단순한 정보들을 제시하기보다는 엄마가 아기와의 커뮤니케이션을 잘 하고, 서로의 사랑을 쌓기 위해 꼭 가져야 할 마음가짐을 몇 가지로 정리해보았다. 실제로 내 자신이 두 아이들을 키우면서 정말 중요하다고 생각했던 것들을 하나하나 기록해두었던 내용들이다.

모든 육아는 '필요한 시기에,
필요한 것을, 필요한 만큼' 으로 통한다!

태아 때는 물론 세 살까지 육아에서 가장 중요한 것은 아기에게 스트레스를 주지 않아야 한다는 것이다. 그렇기 위해서는 엄마가 자기의 욕심은 버리고 아기의 마음을 읽어야 한다. 아기의 마음을 읽으면 아기가 무엇을 어떻게 해주기를 바라고, 언제 얼마만큼 무엇이 필요한지 알게 된다.

명상으로 하는 육아

엄마의 조용하면서도 통찰력 있는 사랑은 아기의 두뇌·감성·재능·가능성·오감·잠재력 등 한 인간의 발전을 위해 필요한 모든 요소들을 성장시킬 수 있음을 명심해야 한다.

① 모유는 될 수 있는 대로 2살까지 먹이자

모유는 6개월이 지나면 영양학적인 측면에서는 큰 도움이 되지 않는 게 사실이다.

그렇다고 모유 먹이는 일을 멈춰서는 안 된다. 왜냐하면 모유는 아기에게 아주 중요한 정서안정제이며, 정신영양제이기 때문이다.

아기는 여러 가지 환경적인 요인에 의해 스트레스를 받는다. 하지만 아기는 엄마의 품에 안겨 엄마의 젖을 빨면서 엄마와 따뜻한 피부와 접촉을 하면서 스트레스를 잊고, 오감에 고루 좋은 자극을 받아 정서가 풍부해지고 안정될 수 있다. 그래서 될 수 있는 대로 아기가 2살이 될 때까지 모유를 먹이는 것이 좋다.

오랫동안 모유를 먹은 아기들은 청소년이 됐을 때에도 범죄를 일으킬 확률이 모유를 먹지 않은 아이들보다 훨씬 낮다는 통계가 있는데, 이러한 사실은 모유를 먹이는 일이 아기정서와 성격에 얼마나 큰 영향을 주는지 잘 말해준다.

② 아기를 많이 안아주자

요즘에 아기를 많이 안아주면 버릇된다며 아기 안아주는 일에 인색한 엄마들이 많다. 나는 그런 엄마에게 "당신은 엄마로서 자격이 없습니다"라고 꼭 말해주고 싶다. 버릇을 키우는 일이 먼저가 아니라 사랑을 심어주는 것이 육아에 있어서 가장 기본이며, 가장 근본목적이다.

엄마들이 원하는 아기의 좋은 버릇은 다분히 자기 입장에서 육아를 편하게 해주는 것을 의미한다. 여러 번 이야기했지만 태교나 육아의 중심은 엄연히 아기이다.

많은 엄마들이 자기 중심으로 아기를 키우면서 그것이 아기를 위한 길이라고 스스로 합리화하며 좋은 버릇을 길들이기 위해 아기의 마음을 짓밟고 스트레스만 키워준다. 하지만 이러한 육아는 결국 자기의 발등을 찍는 일이 된다.

그렇게 자란 아기는 결국 IQ · EQ 모두 떨어지고, 부모 자식간에도 골이 깊은 애정 결핍으로 인한 갈등을 불러오게 된다.

아기에게 가장 필요한 것이 사랑이라면, 사랑을 표현하는 가장 좋은 방법은 많이 안아주는 일이다. 그래서 분유를 먹일 경우에도 반드시 모유를 먹이는 것처럼 안아주어야 한다.

하지만 요즘 엄마들 중에는 아기를 바닥에 눕혀놓고 분유병을 비스듬히 받쳐주면서 혼자 먹게 하는 경우가 많다. 이런 엄마들은 모유도 먹이지 못하면서 아기를 안아주지도 않는, 따라서 아

명상으로 하는 육아

기에게는 치명적인 잘못을 하고 있다고 할 수 있다.

아기를 안아 줄 때는……

엄마가 눈을 쳐다보면서 말을 많이 걸어주어라.

음악을 들려주거나 엄마의 부드러운 목소리로 노래를 불러주자.

아기를 안아 주면……

아기의 눈높이가 높아지고 넓어지므로 집안 사방에 놓여있는 다양한 물건들이 교재가 될 수 있다. 그래서 엄마가 물건들의 이름을 불러주면서 반복적으로 가리켜주면 시각적으로 자극을 받아서 두뇌발달에도 도움이 되고, 나중에 어휘력도 풍부해질 수 있다.

③ 다섯 살까지는 될 수 있는 대로 부모 곁에서 재우자

아기들에게 엄마의 곁은 이 세상에서 가장 편안하며, 가장 안심할 수 있는 장소이다. 그렇기 때문에 잘 때도 엄마의 곁에서 엄마의 체온을 느낄 수 있는 것이 중요하다. 아기들은 엄마 곁에서 자면서 하루동안 겪었던 피로감이나 스트레스를 편안하게 풀 수 있다.

잠잘 때의 마음은 잠재의식까지 파고든다. 태교에서 엄마의 마음이 태아의 잠재의식까지 영향을 미치는 것처럼, 아기가 잘 때, 엄마에게서 느껴지는 편안함과 따뜻함은 아기의 잠재의식에까지 영향을 미치는 것이다.

또, 아기가 잠들기 전이나 잠에서 깨어날 때 엄마가 곁에 있다

는 사실은 우리가 상상하는 것보다 훨씬 더 아기에게 큰 영향을 주어서 특히 원만하고 조용한 성격을 형성할 수 있다.

오랫동안 혼자 자고, 혼자 깨어나는 습관이 들면 아이들도 그 상황에 적응은 하겠지만 잠재의식 속에서는 마음에 어두운 상처를 만들고, 그것이 성격이 되어 어둡고 말이 없으며, 감정표현도 둔해지게 된다.

그래서 엄마들은 항상 아기가 완전히 잠들기 전까지 엄마의 따뜻한 목소리를 들려주고, 아기가 깨어날 때는 상냥한 말과 부드러운 손길로 안아주어야 한다.

이렇게 생활 속에서 엄마들이 실천하는 작은 사랑이 쌓이고 모이면 아기에게 더없이 좋은 감성교육이 되는 것이다.

EQ교육은 엄마의 조용하고 잔잔하고 따뜻한 사랑의 자극에서만이 높아질 수가 있다.

EQ교육의 시기는 무의식의 창고가 되는 0살부터 3살까지의 일상생활에서 배우게 된다.

아기가 자는 환경은 너무 어둡거나 너무 환하게 하지 말자. 너무 어두우면 아기가 깨어나서 마음이 불안해지고, 너무 환하면 아기들의 시력이 나빠질 수 있기 때문이다.

④ 아기를 쓸데없이 울리지 말자

아기는 너무나 힘들게 울고 있는데, 엄마는 그냥 울게 두라며 말하는 상황, 너무나 자주 있는 일이다. 하지만 아기를 울게 놔두면 절대 안 된다.

아기가 우는 것에는 다 이유가 있게 마련이고, 그 이유를 무시한다면 아기의 마음을 무시하는 것이나 마찬가지다.

아기가 울 때 '그래 네가 이기나, 내가 이기나 해보자' 하는 심사로 아기를 울게 놓아두면 아기는 욕구불만과 좌절감을 느끼고, 엄마를 믿지 못하는 마음을 쌓게 된다. 아기가 울 때에는 반드시 아기의 입장이 되어 생각하는 습관을 들여야 한다.

조금도 움직이지 못하는 상황에서 말도 못하고 감정표현도 못하는 상태로 방치돼 있다면 얼마나 답답할까.

아기는 배고픔·외로움·아픔·불쾌함 등 모든 감정을 표현하는 길이 우는 방법밖에 없다. 아기가 운다는 것은 엄마에게 간절히 무언가를 호소하는 감정표현이기 때문에 엄마는 아기가 우는 것을 단순히 울음소리로 듣지 말고 마음으로 그 의미를 해석할 수 있어야 한다.

⑤ 엄마가 아기에게 말을 많이 걸어 주자

엄마가 말을 많이 걸어주면 어휘력과 문장력이 발달하여 감성도 풍부해지고, 상상력과 창의력이 발달되어 수학과 공학에 기초가 된다는 것이 이미 과학적으로 확인이 되었다. 엄마의 목소리는 아기의 두뇌신경회로를 자극시키는 호르몬을 많이 분비시킨다.

엄마가 말을 많이 걸어주기 위해서는 아기와 많이 놀아주어야 한다. 아기와 놀아주면서 언어를 양적으로, 반복하면서 많이 들려주어야 한다. 반복의 효과는 매우 크다. 그러나 테이프나 비디오를 이용하여 언어나 노래나 교육용으로 아기에게 반복적으로 들려주는 것은 아기의 뇌에 직접 영향을 별로 미치지 못한다는 것이 증명되었다. 엄마의 목소리로 직접 말해주고, 엄마의 목소리로 노래를 해서 들려주는 것이 아기의 두뇌 개발에 촉진제가 된다. 이것은 태교에 있어서도 마찬가지이다. 아무리 테이프를 통해서 좋다는 음악을 들여준다고 해도 별로 효과가 없다.

엄마의 목소리는 아기의 마음을 안정시켜 오감을 자극함으로써 EQ를 높이는 효과도 있다. 엄마의 목소리가 마음의 진정제이기도 하고 두뇌 개발의 촉진제라는 것을 안다면 엄마는 될 수 있는 대로 많은 양의 말을 아기에게 들려 줄 필요가 있다는 것을 느낄 것이다. 영아 때에 말을 많이 걸어주지 않고 자란 아이는 언어구사력이나 상상력 및 창의력에서 뒤떨어짐을 볼 수 있다. 더 좋지 않은 경우는 자폐증에 걸리는 경우까지도 있다.

⑥ 생후 한 달부터는 아기를 데리고 산책을 하자

오전, 오후 날씨가 좋은 시간을 정해서 하루에 두 번씩 매일 산책을 데리고 나가는 것이 좋다. 외부의 공기와 풍경은 아기에게 굉장히 좋은 자극이 된다.

명상으로 하는 육아

산책을 데리고 나갈 때는, 안거나 업거나 상관없지만 아기의 옷차림은 좀 신경을 써야 한다. 아기는 어른보다 한 장을 덜 입히는 것이 알맞다.

이 얘기를 잘 납득하지 못하고 오히려 아기들은 어른보다 더 두껍게 입혀야 하지 않느냐고 반문하는 사람들이 많다.

아기는 체온조절을 못하기 때문에 어른보다는 추위를 덜 타고 어른보다 더위를 더 탄다. 만약 여름에 계속 냉방 속에서 키우고, 겨울에 계속 난방 속에서 키운다면 오히려 아이들은 체온조절기능이 떨어져서 자주 감기에 걸리는 아이로 자란다. 실제로 일본에서는 이미 이러한 사실이 많이 알려져서 한겨울에도 기온이 영하로 떨어지지 않는 날에는 반바지 차림의 아이들도 볼 수 있다.

아기는 많이 움직이면서 저절로 체온조절을 하고, 운동감각도 함께 키운다. 그렇기 때문에 아기를 데리고 산책을 나가서 아기에게 그런 기회를 많이 주어야 하는 것이다.

그런데 산책을 나가면서 아기에게 두꺼운 옷을 입히고 그것도 모자라서 엄마의 옷이나 포대기로 아기의 머리까지 씌우는 엄마들이 많다. 이런 차림으로는 아기들은 바깥 풍경도 보지 못하고, 자연의 색깔, 냄새, 모든 움직이는 것 등을 하나도 보고 느끼지 못한다.

그러한 바깥 풍경이 아기에게는 살아있는 오감교육의 중요한 소재라는 것을 모르고 엄마의 무지함으로 인해서 아기의 오감을

명상으로 하는 태교와 육아

막아버리는 것이다.

산책을 나갈 때는, 엄마가 춥다고 아기에게 한 겹 더 입히기보다는 오히려 한 겹 덜 입히는 것이 좋고, 머리는 차갑게 하면서 아울러 발은 따뜻하게 해주는 것이 좋다.

그리고 반드시 시야가 활짝 트이도록 해주어야 하고, 아기가 팔다리를 움직이며 운동을 하기 위해서는 아기를 너무 오래 업거나 몸을 조이면 안 된다.

산책 장소로는 사람이 너무 많지 않고, 시끄럽지 않으며, 공기가 좋은 곳이어야 한다. 특히 백화점처럼 시끄럽고 공기가 탁한 곳에 어린 아기를 데리고 오래 있으면 아기의 정서에도 안 좋고 폐나 기관지와 같이 아직은 약한 신체기관에 좋지 않은 영향을 준다.

⑦ 이유식은 철저하게 엄마가 만들자

이유식은 5~6개월이 지난 후에 먹이는 것이 좋다. 6개월이 되기 전까지는 모유나 분유만 먹여야 한다.

아기가 6개월이 지나서 이가 조금씩 나기 시작하는데, 이때부터 이유식을 먹이는 것이 적당하다. 이유식은 철저하게 엄마가 만들어야 한다. 이유식을 만들 때는 소금이나 설탕처럼 자극적인 조미료를 넣지 않는 것이 좋다.

아기 혀의 감각에는 아직 어떤 맛도 저장되지 않은 상태다. 그런 상태에서 처음부터 자극적인 맛에 길들여지면 혀의 감각이 그렇게 굳어져 어른이 되어도 그 감각대로 음식을 섭취하게 돼 있다. 그러다보면 자연히 당뇨병이나 고혈압과 같은 성인병에 걸릴 확률이 높아지게 된다.

그래서 엄마는 이유식을 만들 때 어른의 입맛에 맞추어 자극적인 맛을 너무 지나치게 가미하지 말고, 달고 짜고 시고 쓰고 매운 다섯 가지 맛의 농도를 아주 약하면서도 균형있게 조절해야 한다.

이미 음식이 사람의 정서와 성격을 좌우한다는 것이 과학적으로 입증됐다. 아기 때 어떤 특정한 미각에 길들여지면 그에 따라 정서와 성격도 한쪽으로 치우치게 되는데, 예를 들어 단맛을 너무 좋아하면 성격이 아주 난폭하고 잔인하게 형성된다고 한다.

이유식 먹일 때 중요한 또 한 가지는 엄마의 미소로써 먹여야 한다는 것이다. 아기는 아직 소화기능이 약하기 때문에 이유식을 먹을 때 마음이 불편하거나 상태가 편하지 않으면 약한 소화기능에 더욱 자극을 주게 된다. 또, 하루에 이유식을 주는 시간을 규칙적으로 정해놓고, 이유식을 먹고 난 후에는 반드시 이를 닦는 습관도 아기 때부터 심어주어야 한다.

이유식에는 사랑과 정성이……

이유식은 무엇보다 맛과 영양의 밸런스가 중요하다.

고구마 · 감자 · 시금치 · 홍당무 · 옥수수 · 호박 등 야채를 중

명상으로 하는 태교와 육아

심으로 많은 재료들을 써서 만들어야 편식습관도 예방할 수 있다. 음료도 인스턴트 제품은 피하고 엄마가 직접 과일이나 야채로 만들어준다.

아이들이 콜라나 사이다를 좋아한다고 그걸 무방비로 주어서는 안 되고, 청량음료는 물론 과자·빵·초콜릿·껌·스낵과자도 될 수 있는 한 주지 않아야 한다.

이가 나기 시작하면 엄마가 가제수건으로 꼭 이를 닦아주어서 충치가 생기지 않게 하는 것도 부모의 사랑이다.

⑧ 보행기를 태우지 말자

우리 엄마들은 보행기를 태우는 일을 너무 간단하게 생각하지만 사실 아이들에게 커다란 사고의 원인이다.

외국에서는 이미 보행기의 폐단에 대해서 많이 알려져서 육아 전문가들은 보행기 태우지 않기를 무척 적극적으로 권장하고 있다.

아기가 기어 다니기 시작하면 부모의 입장에서는 참 귀찮고 힘든 일이 많다. 기어 다니는 일은 매우 힘이 고된 움직임이기 때문에 아기들은 자꾸 울고 보채고, 그러다보니 부모가 뒤치다꺼리를 해야 할 일이 많아지는 것이다. 그러나 단기적으로 봤을 때는 보행기 사용이 편할지 모르지만 장기적으로는 아이들에게 마이너스적인 요인이 무척 많다. 인류가 직립보행을 하게 된 것은 단번에 된 것이 아니다. 처음에는 기다가 두 손 두 발을 이용

명상으로 하는 육아

해 걷기 시작하면서 마지막으로 직립보행을 하게 된 것이며, 한 단계 한 단계 과정을 거치면서 점점 근육이 발달할 수 있었다.

아기의 발육도 마찬가지다. 기어 다니는 과정은 팔다리 근육과 허리의 근육을 튼튼하게 만드는 과정이다. 따라서 보행기를 태우는 일은 아기가 앉아 있다가 갑자기 걸어다니게 되는 것이나 마찬가지다. 그렇게 되면 아기들은 커서도 팔다리와 허리가 약한 사람이 되고 만다.

충분히 기어 다니면서 스스로 팔다리를 튼튼하게 만들어놓아야 나중에 걸어다니면서도 사고가 나거나 위험에 빠지면 튼튼한 팔다리로 가슴과 얼굴·머리를 스스로 보호할 수 있고, 유연하고 강한 허리근육으로 균형을 잡을 수 있게 된다. 또 팔목이 튼튼해져서 손으로 쥐고 잡는 힘도 키울 수 있다.

간혹 보행기를 탄 채로 넘어져서 크게 다치는 경우도 많다. 여러 가지 점으로 미루어 아기의 튼튼한 신체발육과 안전을 위해서는 반드시 보행기를 삼가야 한다.

⑨ 아이들의 장난감은 손가락을 많이 쓰는 것으로 선택하자

어렸을 때 손가락은 제2의 작은 뇌라고 일컬어질 정도로 손가락 신경과 피부접촉은 뇌와 직접 연결돼 있다. 그래서 손가락을 많이 사용하는 장난감, 예를 들어 블록이나 퍼즐과 같은 장난감을 선택하고, 하나를 사더라도 색상이나 형태까지 잘 고려해서

명상으로 하는 태교와 육아

사주어야 아기 두뇌발달에 큰 도움이 된다.

요새 아이들 장난감들을 보면 만화의 캐릭터만 강조했거나 조립이 필요 없이 단순하게 만들어진 것들이 참 많아졌다. 하지만 이런 장남감들은 아기들의 욕심을 채워줄 수 있을 뿐 아이들의 두뇌발육이나 창의력 향상에는 그다지 도움이 되지 못한다.

또, 손쉬운 장난감들을 너무 자주 사주게 되면 아기는 싫증을 잘 내고, 원하는 것이 있으면 쉽게 얻을 수 있다는 인식이 심어져 어른이 돼서도 참을성이 없고, 물건 귀한 줄 모른다. 부모는 물론 주변 친척들까지 아기가 귀엽다고 무조건 아기가 원하는 대로 장난감을 사주는 것은 사랑의 척도가 아니라는 점을 명심해야 한다.

아이들 장난감에 있어 또 하나 중요한 점은 집안의 모든 물건들이 장난감이 될 수 있으며, 그렇게 되도록 분위기를 만들어주어야 한다는 것이다.

위험한 물건들을 잔뜩 갖다 놓고서는 무조건 만지지 못하게만 할 것이 아니라 모든 물건들을 안심할 수 있는 것들로 선택해서 아이들이 자유롭게 만질 수 있도록 해주고, 여전히 위험한 물건들은 아기들이 만지기 전에 멀리 두거나 위험하다는 사실을 미리 아기에게 설명해주는 것이 좋다.

사려 깊은 부모라면 장난감 하나를 살 때에도 진실된 사랑을 바탕으로 끊임없이 고민한다. 이것이 육아를 하는 부모로서 가장 큰 과제일 것이다.

명상으로 하는 육아

3살까지의 육아로 자식의 사고방식·생각·성격·행동·체질·취미 이러한 모든 것이 형성되는 만큼 육아를 위해서는 문학·종교·수행·철학·예술·심리학·의학 등 모든 분야들이 총망라되어야 한다. 당연히 엄마는 그 모든 것을 지혜로써 수행해나가야 하는 것이다. 그렇기 때문에 잠시 유행하는 육아법에 혹하는 심지 얕은 부모가 되서는 안 되며, 그런 의미에서 이스라엘의 탈무드처럼 우리 나라에서도 영구히 보존될 정신적 육아 지침서가 나왔으면 하는 바람이다.

⑩ TV나 컴퓨터 앞에서 너무 오랜 시간을 보내지 말자

TV나 컴퓨터 앞에 앉아 있을수록 얻는 것보다 잃는 것이 더 많다는 사실은 우리 모두 이미 다 알고 있다. 한참 정신적·육체적·사회적으로 성장해야 할 어린아이에게는 TV나 컴퓨터는 더욱 독이 된다. 미국의 경우, 클린턴 대통령 임기 중 당시 영부인 힐러리 여사는 미국 육아의 새로운 지침으로 '아이들이 라디오·TV·컴퓨터에 지나치게 오랫동안 노출되는 것을 막아야 한다'는 선언을 했고, 많은 유명 육아학자·심리학자·과학자들이 이 선언에 동참했던 적이 있다.

TV나 컴퓨터는 과학적으로도 증명이 됐듯이 전자파로 인해 인체나 두뇌에 심각한 영향을 끼치며, 아이들의 사회성에도 문제를 일으킨다. TV나 컴퓨터 앞에서 혼자 노는 것에 익숙해지면 아이

명상으로 하는 태교와 육아

들은 부모·가족과의 단절은 물론 친구와도 단절이 된다.

그러다보니 수동적이고 표현력이 부족하며 감수성이 둔해 창조력이 결핍되고, 심각하게는 자폐증세까지 보여 소아정신병원을 찾게 되는 아이들도 많다.

21세기는 정신적인 리더가 전 세계를 지배하게 될 것이라고 예견되고 있는 마당에, 아이들을 TV와 컴퓨터에 묶어놓는 일은 자식을 낙오자로 만드는 것이나 마찬가지다.

아이들에게 뭐든지 적당한 선에서 자제력을 키울 수 있도록 하는 것이 부모의 역할이다. TV나 컴퓨터에 대해서 부모가 먼저 자제력을 갖고, 아이들을 선도해주는 것이 바람직할 것이다.

⑪ 아기의 행동을 너무 자주 부정형의 말로 막지 말자

아기들은 태어나서 세 살까지의 생활에서 평생 배움의 바탕을 마련하게 된다.

호기심·탐구력·집중력·응용력·적극적인 사고·체계적인 설계능력의 기초가 모두 이 시기에 준비되는 것이다.

그런데 이럴 때, 부모가 아기의 행동을 자주 막는다는 것은 아기의 사고와 두뇌 및 행동력에 브레이크를 거는 일이다 '······하지마' '그러지마' '······안 돼' 등등 이런 부정형의 말은 아기의 호기심을 꺾으며 능동적으로 알고 행동하는 힘을 잃게 한다. 뿐만 아니라 부정형의 말들은 뇌에서 스트레스 호르몬을 분비시켜

명상으로 하는 육아

아기 두뇌의 신경회로를 죽인다는 연구결과도 있었다.

부모들은 아기에게 위험한 것이라면 모두 기겁을 하고 피하는 데 급급한다. 하지만 어른들도 시행착오를 통해 더 큰 지혜와 경험을 얻듯이 아기들에게도 시행착오의 기회를 부모가 위험하지 않은 수준에서 만들어주어야 한다.

뜨겁거나 위험한 것이 있다면 미리 설명을 해서 이해하도록 해주고, 뜨겁거나 아픈 물건들도 미리 살짝 대어주어 그 감각을 일깨워주는 것이 아기들에게 산교육이 된다.

무언가를 엎지르거나 뒤집거나 깨뜨리는 것은 아주 당연한 것이다. 하지만 알게 모르게 이런 실수를 거듭하며 아기들은 스스로 사고하는 기초를 만든다. 이러한 사고의 틀이 곧 발견과 발명의 시초가 되고, 곧 무언가를 이루어낼 수 있는 힘의 바탕이 되는 것이다.

또한 부모가 부정형의 말로 혼내고 위협을 주거나 때릴 때마다 아기는 마음의 상처를 받고, 이것이 잠재의식으로 흘러 들어가 소극적이며 반발심이 강한 아이로 성장할 수도 있다.

아기의 모든 행동들은 이 세상 존재들에 대한 사용 목적과 효과를 배워나가는 과정이다. 무조건 실패를 두려워해서 금지만 하기보다 그것을 배움의 첫걸음으로 이끌어주는 것이 앞선 육아이며, 앞선 엄마가 되는 길이다.

여성은 아기를 가지면 한 생명의 우주가 된다. 애써 외면하려고 해도, 그 사실은 변함이 없다.

우주는 인자하고, 자비롭고, 평화로워야 한다. 우주는 생명을 아름답고, 지혜롭고, 건강하게 키우고 싶어야 한다.

모든 임산부들이 그런 우주의 마음으로 꼭 한 번 새겨보기를 바라는 몇 가지를 적어보았다.

임산부가 지켜야 할 덕목

① 부모에게 효도하면 효자 아기가 태어난다.

② 긍정적인 사고로 임신을 행복하고 기쁘게 생각하면 예쁜 아기가 태어난다.

③ 이 세상 모든 영혼을 가여워하고, 영혼이 안식을 찾도록 천도를 베풀면 아기 영혼에도 덕이 깃들인다.

④ 타인에게 물심양면으로 베풀 줄 알면 아기의 심성도 착해진다.

⑤ 올바른 품행과 올바른 음식을 취해야 아기의 성품이 온순해진다.

⑥ 재미로 살생을 하는 낚시나 사냥은 하지도 보지도 말아야 내 아기의 생명력도 강인해진다.

⑦ 교만·사치·낭비를 하면 허황되고 심약한 아기가 태어난다.

⑧ 화를 자주 내면 아기의 얼굴이 찡그려지고 미워진다.

명상으로 하는 육아

⑨ 남에게 악담·저주·거짓말을 하면 음흉하고 어두운 아기가 태어난다.

⑩ 임신 전에 했던 담배·술·마약이라도 내 아이의 건강을 해친다.

⑪ 성욕을 절제하지 않으면 내 아이도 음란함을 닮는다.

⑫ 내가 욕심을 부리면 부릴수록 내 아이의 마음에 얼룩으로 남아 탁하고 더러워지게 만든다.

⑬ 명상을 하면 마음이 밝고 머리가 좋은 아기가 태어난다.

자투리 태교상식

태교와 식생활(3) - 임산부가 지켜야 할 바른 식습관

1. 자연식을 중심으로 먹는다.
2. 인스턴트 음식과 단 음식을 삼간다.
3. 외식·편식을 하지 않는다.
4. 즐거운 마음으로 영양분을 균형있게 섭취한다.

명상으로 하는 태교와 육아

태내 10개월의 좋은 환경

슬픔보다는 '웃음' 을 자극으로 주세요!

나의 이웃집에는 아들이 둘 있다. 그런데 이상할 정도로 두 아들의 성품이 다르다. 그 엄마의 이야기인즉슨 두 아들이 다를 수밖에 없는 이유가 있다고 한다.

첫째 아이를 가졌을 때에는 엄마의 마음은 사랑으로 가득했고, 집안 분위기도 평화스러운 나날이어서 늘 웃는 생활이었다. 반면, 둘째 아이를 가졌을 때에는 결혼 생활에 대한 피로와 스트레스가 겹쳐서 늘 신경이 날카로워져 있었고, 설상가상으로 시댁어른이 무거운 병에 걸리셔서 10개월 내내 병원생활이 계속되더니 급기야는 임신한 몸으로 영안실 일까지 도맡아 해야 했다.

이쯤이면 두 아들의 성격이 어떻게 판이하게 다를지 금방 눈치챌 수 있을 것이다. 첫째 아이는 늘 밝고 명랑하여 더 바랄 나위가 없지만 둘째 아이는 소위 친구들에게 왕따를 당할 만큼 짜증을 잘내고, 울보에다 고집불통이다.

이 두 아들의 이야기를 절대 우연으로만 치부해버릴 수 있을까.

산모가 태내아기에게 줄 수 있는 자극은 여러 가지다. 웃음도 자극이고, 울음도 자극이다. 그렇기에 슬픔보다는 웃음을 자극으로 듬뿍듬뿍 주도록 노력해야 한다.

차 한 잔을 마시며

오래간만에 창이 넓은 방안에 앉아 차를 한 잔 마신다.

어린 찻잎의 초록빛이 스르르 찻물에 스며 은은하고 깊은 차향을 전해준다.

'아, 내가 왜 이 좋은 시간을 잊고 있었을까.'

며칠동안 뭐가 그리 바쁜지 발버둥치듯 시간을 보내고 난 후, 마침내 다시 찾은 차와 함께 하는 시간. 지나보면 뭐가 그리 바빴던가 싶은 생각이 자주 드는 걸 보면 이번에도 마음이 먼저 바빠서 앞동질쳤나보다.

살다보면 괜스레 마음이 먼저 분주해질 때가 있다. 그럴 때에는 차를 한 잔 마셨으면 좋겠다. 찻잔 하나와 찻잎만 있으면 누구나 누릴 수 있는 여유다. (인사동에 가면 언제든지 일인용 다기와 찻잎을 그리 비싸지 않은 가격으로 살 수 있다. 산책 삼아 한 번 들러보는 것은 어떨까)

차를 마시는 것은 명상태교의 한 방법이다. 차는 맛과 향이 자극적이지 않아 오래 음미하면서 마실 수 있고, 그 음미의 시간동안 그만큼 조용하게 사색할 수 있기 때문에 태교하는 산모에게는 더없이 좋은 것이다.

茶를 권하며

사랑하는 사람을 위하여
한 잔의 차를 달일 수 있는 여자는
행복하다.
첫 햇살이 들어와
마루 끝에서 아른대는
청명한 아침

무쇠주전자 속에서
낮은 음성으로 끓고 물소리와
반짝이는 다기 부딪는 소리를
사랑하는 사람에게
들려줄 수 있는 여자는
행복하다.

정결하게 씻은 하얀 손으로
꽃쟁반 받쳐들고
사랑하는 사람 앞으로
걸어나갈 수 있는 여자는
행복하다.

고단하고 가엾은 우리들의 삶
그 온갖 시름들

명상으로 하는 육아

잠시 잊고
사랑하는 사람에게

가장 은밀하고 그윽한 향기를 권하며
행복하다고 말할 수 있는 여자는
행복하다.

―시인 김혜숙님의 시―

자투리 태교상식

태교와 명상에 도움되는 차 이야기

흔히들 차에도 카페인이 들어있는데 임산부들이 마셔도 괜찮겠느냐고 궁금해 하지만 차의 카페인은 커피의 카페인과는 전혀 달라서 몸에 해롭지 않다. 커피의 카페인은 몸에 오래 머물러 축적되지만 차의 카페인은 그때그때 배설이 되기 때문에 체내에 쌓이지 않는다. 물론 차도 너무 많이 마시면 좋지 않다.

차는 향기로 마신다는 말도 있듯이 차의 은은한 향기는 사람의 정서를 안정시키는 묘한 힘이 있다. 그래서 예부터 수행하는 사람들은 마음을 가라앉히기 위해 차를 마셨다.

임산부들도 차를 마시면서 명상태교를 하게 되면 집중하는 마음을 더욱 크게 키울 수 있을 것이다. 아울러 차에는 비타민이 풍부하다는 사실도 기억해두는 것이 좋다.

명상으로 하는 태교와 육아

대구 파계사 성우스님의 말씀을 듣고

살다보면 '짧은 한마디' 말로 자신을 짓누르던 문제들에 대한 해법을 찾을 때가 있다. 아주 오래된 친구에게 배신감을 느꼈을 때, 남편의 사랑이 섭섭할 때, 부모 형제가 원망스러워질 때, 왠지 외롭고 우울할 때, 난 이럴 때 이 짧은 말씀을 기억한다.

"마음이 얼마나 고귀한 것인데, 그런 쓰레기로 채우세요. 마음의 쓰레기는 얼른 버리지 않으면 마음이 썩어 들어갑니다."

배신감·섭섭함·부담감·외로움·미워하는 마음·질투심 이러한 감정들은 쓰레기와 같은 것이다.

소중한 마음을 맑게 채우기 위해선 때때로 이런 쓰레기들을 버릴 줄 알아야 됨을 스님께서 일러주셨다.

명상으로 하는 육아

좋은 기(氣)는 좋은 기(氣)를 부른다

예전 70년대 코미디 프로그램 중에서 가장 인기가 있었던 것이 '웃으면 복이 와요!' 였다. 지금 신세대들은 들어도 모를 이름들, 구봉서·배삼룡 그리고 이미 고인이 된 서영춘·이기동. 네 명의 코미디언들이 주축을 이뤄 매일 우리에게 웃음을 선사했었다.

아마도 그 프로그램 때문에 웃을 수 있었기에 경제적으로나 정치적으로 격동의 시기였던 70, 80년대를 살 수 있지 않았을까.

나는 개인적으로 그 프로그램의 제목 '웃으면 복이 와요!' 가 참 명언이라고 생각한다.

웃으면 복이 온다! 정말 맞는 말이다. 나는 명상을 통해 얻은 경험에 비추어 이 말을 조금 바꿔서 이렇게 말하고 싶다. '좋은 기는 좋은 기를 부른다' 고. 우리 안에는 좋은 기가 있고, 나쁜 기가 있다. 좋은 기, 나쁜 기가 공존하다가 어떤 계기로 나쁜 기가 우세해지기 시작하면 그때부터 더욱 기는 나쁜 쪽으로 뭉쳐진다.

나쁜 기는 어떻게 형성되는가.

기(氣)는 몸보다는 마음에 가까운 것이다. 오장육부가 원활하지 않아서 몸의 기가 쇠해지기도 하지만 그보다 기는 오히려 마음 상태에 따라 변하는 경우가 훨씬 많다. 마음이 어둡고, 화가 나고, 분통터지면 당연히 몸의 기(氣)는 탁해지게 돼 있다. 우리

명상으로 하는 태교와 육아

나라 고유병인 화병을 생각하면 된다.

흔히 한방에서는 화병에 걸리면 몸에 기가 막혔다고 한다. 그럼 화병은 왜 생기는 것일까. 이것은 결국 마음의 병이다. 마음이 상한 그대로 놓아두었더니 기가 나빠져서 병으로까지 발전한 것이다.

몸 안에 나쁜 기가 채워지지 않기 위해서는 매순간 좋은 기가 샘솟을 수 있도록 펌프질을 시켜주어야 하는데, 펌프질로 그만인 것이 바로 명상이다. 명상을 하면 마음이 편해지고 기분이 좋아지니까.

그런데 우리의 인체 안에서만 좋은 기 나쁜 기가 서로 순환하는 것이 아니라, 사람과 사람 사이에서도 기는 순환한다. 아니, 순환보다는 전염된다는 표현이 맞을 지도 모른다.

또 그뿐이랴, 보이지는 않지만 우리가 살고 있는 허공에는 기가 마치 전류처럼 흘러 다닌다. 그렇게 흘러 다니면서 나쁜 기는 나쁜 기끼리 모이고 좋은 기는 좋은 기끼리 모인다.

옛날에 터가 좋고 나쁨을 가리는 풍수지리학이 생겨난 배경도 바로 본질적으로 따져보면 기에서 비롯된 것이다.

그렇다면 다시 한번 웃으면 복이온다는 말로 돌아가서, 웃음이란 뭔가, 웃는 것이 얼마나 좋은지는 의학적인 효과가 이미 밝혀졌지만 그보다도 웃음에서 묻어 나오는 기분 좋고, 정화된 기가 허공에 떠다니는 좋은 기를 부를 수 있다는 점에서 웃음은 정말 좋은 현상이다.

다시 정리하면 내 마음이 우주라고 한 부처님의 말씀처럼, 내가 편안해서 기가 맑아지고 우주 전체가 맑아질 수 있다. 그러니 명상을 해서 마음을 편안하게, 맑게 해서 되도록 많이 웃고 살자!

무엇보다도 나의 2세가 사는 세상은 기 맑은 세상이 될 수 있도록, 지금부터 엄마가 솔선 수범하여 많이많이 웃도록 하자.

명상으로 하는 태교와 육아

명상으로 하는 태교와 육아

2002년 5월 21일 1판 1쇄 인쇄
2002년 5월 28일 1판 1쇄 발행

지은이 / 구본일
펴낸이 / 김동금
펴낸곳 / 우리출판사
등록 / 1988년 1월 21일   제9-139호
주소 / 120-013 서울특별시 서대문구 충정로 3가 1-38
전화 / (02) 313-5047, 5056
팩스 / (02) 393-9696
e-mail / woribook@chollian.net

ISBN 89-7561-165-5   13590

책 값은 뒷표지에 있습니다.

© 구본일, 2002

· 지은이와 협의하여 인지를 붙이지 않습니다.
· 잘못된 책은 본사나 구입하신 서점에서 바꾸어 드립니다.